essentials

essentials liefern aktuelles Wissen in konzentrierter Form. Die Essenz dessen, worauf es als „State-of-the-Art" in der gegenwärtigen Fachdiskussion oder in der Praxis ankommt. *essentials* informieren schnell, unkompliziert und verständlich

- als Einführung in ein aktuelles Thema aus Ihrem Fachgebiet
- als Einstieg in ein für Sie noch unbekanntes Themenfeld
- als Einblick, um zum Thema mitreden zu können

Die Bücher in elektronischer und gedruckter Form bringen das Expertenwissen von Springer-Fachautoren kompakt zur Darstellung. Sie sind besonders für die Nutzung als eBook auf Tablet-PCs, eBook-Readern und Smartphones geeignet. *essentials:* Wissensbausteine aus den Wirtschafts-, Sozial- und Geisteswissenschaften, aus Technik und Naturwissenschaften sowie aus Medizin, Psychologie und Gesundheitsberufen. Von renommierten Autoren aller Springer-Verlagsmarken.

Weitere Bände in der Reihe http://www.springer.com/series/13088

Jörg Neunhäuserer

Einführung in die Ergodentheorie

Jörg Neunhäuserer
Goslar, Deutschland

ISSN 2197-6708   ISSN 2197-6716   (electronic)
essentials
ISBN 978-3-658-31291-6   ISBN 978-3-658-31292-3   (eBook)
https://doi.org/10.1007/978-3-658-31292-3

Die Deutsche Nationalbibliothek verzeichnet diese Publikation in der Deutschen Nationalbibliografie; detaillierte bibliografische Daten sind im Internet über http://dnb.d-nb.de abrufbar.

Planung/Lektorat: Andreas Rüdinger
Springer Spektrum ist ein Imprint der eingetragenen Gesellschaft Springer Fachmedien Wiesbaden GmbH und ist ein Teil von Springer Nature.
Die Anschrift der Gesellschaft ist: Abraham-Lincoln-Str. 46, 65189 Wiesbaden, Germany

Was Sie in diesem *essential* finden können

- Die Definition und Erläuterung von grundlegenden Begriffen der Ergodentheorie
- Viele zentrale Ergebnisse der Ergodentheorie
- Zahlreiche Dynamischer Systeme mit ergodischen Maßen
- Anwendungen der Ergodentheorie in der Zahlentheorie

Inhaltsverzeichnis

Einleitung 1

Der renommierte Abel-Preis, der seit 2003 als Ergänzung zu den Nobelpreisen von der norwegischen Akademie der Wissenschaften an Mathematiker verliehen wird, ging 2020 an Hillel Fürstenberg und Grigori Margulis. Sie wurden für ihre Arbeiten in der Ergodentheorie und deren Anwendung in der Zahlentheorie ausgezeichnet. Vorher erhielten bereits Lennart Carlson (2006), Endre Szemerédi (2012) und Jakow Sinai (2014) den Abel-Preis, unter anderem für Ergebnisse in der Ergodentheorie. Der Leser wird in diesem *Essential* Sätze all dieser und manch anderer bedeutenden Mathematiker des 20sten Jahrhunderts kennen lernen.

Die Ergodentheorie beschreibt das langfristigen Verhalten von dynamischen Systemen für eine große Mengen von Anfangswerten mit Methoden der Maß- und Integrationstheorie. In Bezug auf ein invariantes Wahrscheinlichkeitsmaß sind fast alle Orbits eines dynamischen Systems rekurrent, sie kehren beliebig nah zu ihrem Startpunkt zurück. Ein invariantes Wahrscheinlichkeitsmaß ist ergodisch, wenn die Häufigkeit der Präsenz eines typischen Orbits in einem Gebiet gerade das Maß des Gebietes ist. In diesem Falle ist die erwartete Zeit der Rückkehr eines typischen Orbits in ein Gebiet der Kehrwert des Maßes des Gebiets. Ist das dynamische System durch eine differenzierbare Abbildung gegeben, existieren für fast alle Punkte in Bezug auf ein ergodisches Maß konstante Ljapunov-Exponenten, die angeben wie stark das System langfristig in unterschiedliche Richtungen kontrahiert, resp. expandiert. Wir werden all diese Aussagen in Kap. 3 präzisieren, nachdem wir im nächsten Kapitel relevante Grundbegriffe eingeführt haben.

Klassische Beispiele dynamischer Systeme, für die das Lebesgue-Maß, also Länge bzw. Fläche, ergodisch ist, sind irrationale Rotationen und bestimmte lineare Abbildungen des Kreisringes und des Torus. Absolut stetige ergodische Maße, die durch das Integral über eine Dichte gegeben sind, existieren für stückweise expandierende Abbildung und für gewisse logistische Abbildungen. Singuläre ergodische Maße erhält man, indem man von Bernoulli- und Markov-Maße von Folgenräumen

J. Neunhäuserer, *Einführung in die Ergodentheorie*, essentials, https://doi.org/10.1007/978-3-658-31292-3_1

auf invariante Menge wie Attraktoren projiziert. Diese und viele weitere Beispiele werden wir in Kap. 4 besprechen.

Die bedeutendste Invariante der Ergodentheorie ist die Entropie eines ergodischen Maßes, diese misst die Komplexität der Dynamik in Bezug auf das Maß. Zwei Systeme mit ergodischen Maßen, die isomorph sind, sich also aus Sicht der Ergodentheorie nicht unterscheiden, haben die gleiche Entropie. Weiterhin besteht ein enger Zusammenhang zwischen der Entropie und den positiven Lyapunov-Exponenten differenzierbarer Systeme. Zuletzt ist die Existenz eines ergodischen Maßes mit positiver Entropie hinreichend für eine chaotische Dynamik des Systems. Der Leser findet in Kap. 5 eine kompakte Einführung in die Entropietheorie dynamischer Systeme.

Ein überraschender und faszinierender Zusammenhang besteht zwischen der Ergodentheorie und der Zahlentheorie. Zum einen können zahlentheoretische Eigenschaften von Parametern eines Systems einen erheblichen Einfluss auf ergodentheoretischen Eigenschaften des Systems haben. Wir werden diesem Phänomen an einigen Stellen in diesem Buch begegnen. Zum anderen lassen sich mit ergodentheoretischen Methoden wundervolle zahlentheoretische Sätze beweisen. Im letzten Kapitel des Buches stellen wir hierzu vier Beispiele vor.

Wir bestimmen in diesem *Essential* Begriffe, formulieren Sätze und besprechen Beispiele. Beweise werden wir nicht durchführen. So ein einfacher Beweis eines Satzes existiert, weisen wir darauf hin, und überlassen den Beweis dem Leser als Übung. Ansonsten verweisen wir durchgängig auf die Originalarbeiten, in denen ein Satz bewiesen wurden. Lesern, die tiefer in die Ergodentheorie einsteigen wollen, ohne Originalarbeiten zu Rate zu ziehen, möchten wir an dieser Stelle noch einige Bücher empfehlen. Das beste Buch in deutscher Sprache zum Thema ist derzeit fraglos Einsiedler und Schmidt (2014), daneben ist auch Denker (2005) lesenswert. Der wiederaufgelegte Klassiker zur Ergodentheorie in englischer Sprache ist Walters (2000); wir empfehlen daneben auch Viana und Oliveira (2016) und Katok und Hasselblatt (1997).

Grundbegriffe 2

2.1 Topologie

Die Ergodentheorie baut zwar auf der Maßtheorie auf, dessen ungeachtet spielen topologische Begriffe in manchen Sätzen und vielen Anwendungen eine Rolle. Wir wollen unsere Darstellung mit diesen Begriffen beginnen. Da Räume, deren Topologie nicht durch eine Metrik erzeugt werden, in der Ergodentheorie irrelevant sind, dürfen wir im folgenden getrost die Existenz einer Metrik, also des Abstands zweier Punkte, voraussetzen.

Definition 2.1

Sei X eine nicht-leere Menge und $d : X \times X \to \mathbb{R}$ eine Abbildung. (X, d) ist ein metrischer Raum, wenn

1. Positivität: $d(x, y) \geq 0$,
2. Definitheit: $d(x, y) = 0$ genau dann wenn $x = y$,
3. Symmetrie: $d(x, y) = d(y, x)$,
4. Dreiecksungleichung: $d(x, z) \leq d(x, y) + d(y, z)$,

für alle $x, y, z \in X$ gilt. Die Abbildung d wird Metrik oder Abstand genannt. Ist (X, d) ein metrischer Raum, x in X und $\epsilon > 0$, so ist

$$B_\epsilon(x) = \{y \in X | d(x, y) < \epsilon\}$$

die offene Kugel mit Radius ϵ um x und

$$\overline{B}_\epsilon(x) = \{y \in X | d(x, y) \leq \epsilon\}$$

© Der/die Herausgeber bzw. der/die Autor(en), exklusiv lizenziert durch Springer Fachmedien Wiesbaden GmbH, ein Teil von Springer Nature 2020
J. Neunhäuserer, *Einführung in die Ergodentheorie*, essentials,
https://doi.org/10.1007/978-3-658-31292-3_2

die abgeschlossene Kugel mit Radius ϵ um x. Eine Menge $O \subseteq X$ wird offen genannt, wenn für alle $x \in O$ eine offene Kugel $B_\epsilon(x) \subseteq O$ existiert. Die offenen Mengen definieren die Topologie des metrischen Raumes X. Eine Menge $A \subseteq X$ wird abgeschlossen genannt, wenn das Komplement $X \setminus A$ offen ist. Ist $B \subseteq X$, so ist der Abschluss $\overline{B}$ von B der Schnitt aller abgeschlossenen Mengen, die B enthalten. Die Menge B liegt dicht in X, wenn ihr Abschluss ganz X ist; $\overline{B} = X$.   ◆

Der Betrag $|x| = x$ für $x \geq 0$ und $|x| = -x$ für $x < 0$ einer reellen Zahl $x \in \mathbb{R}$ bestimmt durch $d(x, y) = |x - y|$ eine Metrik auf $\mathbb{R}$. Die offenen Kugeln sind hier offene Intervalle (a, b) und die abgeschlossenen Kugeln sind abgeschlossene Intervalle $[a, b]$. Mit der euklidischen Metrik

$$d(x, y) = \sqrt{\sum_{i=1}^{n}(x_i - y_i)^2}$$

wird $\mathbb{R}^n = \{(x_1, \ldots, x_n) \mid x_i \in \mathbb{R}\}$ zu einem metrischen Raum. Auch alle nicht leeren Teilmengen $X \subseteq \mathbb{R}^n$ mit der euklidischen Metrik sind metrische Räume.

Auf der n-Sphäre, also der Oberfläche der n-dimensionalen Einheitskugel, $\mathbb{S}^n = \{x \in \mathbb{R}^{n+1} \mid d(x, 0) = 1\}$ definiert

$$d_{\mathbb{S}^n}(x, y) = \arccos(\sum_{i=1}^{n} x_i y_i)$$

die geodätische Metrik, die die Länge des kürzesten Weges zwischen x und y auf der n-Sphäre angibt. $\mathbb{S}^1$ ist hier der Kreisring, die Metrik ist durch die Länge des Bogens zwischen zwei Punkten gegeben. Der n-Torus $\mathbb{T}^n = \mathbb{S}^1 \times \cdots \times \mathbb{S}^1$ wird durch ein Produkt der Metrik $d_{\mathbb{S}^1}$ zu einem metrischen Raum.

Allgemein bilden Riemannsche Mannigfaltigkeiten metrische Räume, da ihr metrischer Tensor eine geodätische Metrik induziert, die die Länge des kürzesten Weges zwischen zwei Punkten angibt. Wir verweisen hier auf Lehrbücher zur Differentialgeometrie wie Kühnel (2013).

In metrischen Räumen haben wir den Begriff der Konvergenz zur Verfügung:

Definition 2.2
Eine Folge $(x_n)_{n \in \mathbb{N}}$ in einem metrischen Raum (X, d) konvergiert gegen $x \in X$, wenn für alle $\epsilon > 0$ ein $n_0 \in \mathbb{N}$ existiert, sodass $d(x_n, x) < \epsilon$ für alle $n > n_0$. Man schreibt in diesem Fall

$$\lim_{n \to \infty} x_n = x.$$

Eine Folge ist eine Cauchy-Folge, wenn für alle $\epsilon > 0$ ein $n_0 \in \mathbb{N}$ existiert, sodass $d(x_n, x_m) < \epsilon$ für alle $n, m > n_0$. Konvergente Folgen sind in jedem metrischen Raum Cauchy-Folgen. Wenn auch die Umkehrung gilt, nennen wir den Raum vollständig. ◆

In der Ergodentheorie sind neben vollständigen Räumen kompakte metrische Räume grundlegend.

Definition 2.3
Sei (X, d) ein metrischer Raum. X ist kompakt, wenn jede offene Überdeckung von X eine endliche Teilüberdeckung hat. ◆

Jeder kompakte Raum ist vollständig. Umgekehrt gilt, dass jeder vollständige metrische Raum, der sich durch endliche viele offene Kugeln überdecken lässt, kompakt ist. Der euklidische Raum $\mathbb{R}^n$ ist vollständig, aber nicht kompakt. Die kompakten Räume $X \subseteq \mathbb{R}^n$ sind gerade die abgeschlossenen und beschränkten Mengen. Auch die oben definierten n-Sphären $\mathbb{S}^n$ und die n-Tori $\mathbb{T}^n$ sind kompakt. Versehen wir den einseitigen Folgenraum $\{1, 2, \ldots, j\}^{\mathbb{N}} = \{(s_k)_{k \in \mathbb{N}} \mid s_k \in \{1, 2, \ldots, j\}\}$ mit der Metrik

$$d(s, t) = \sum_{k=1}^{\infty} |s_k - t_k| 2^{-k},$$

so erhalten wir einen kompakten Raum. Wählen wir $-\infty$ als untere Grenze der Summation, wird mit dieser Metrik auch der zweiseitige Folgenraum $\{1, 2, \ldots, j\}^{\mathbb{Z}}$ zu einem kompakten Raum. Sogar der Hilbertwürfel $[0, 1]^{\mathbb{N}}$ ist mit dieser Metrik kompakt.

Die Abbildungen, die in der Ergodentheorie untersucht werden, sind oftmals stetig, wir fügen daher hier noch eine letzte Definition an.

Definition 2.4
Sei (X, d) ein metrischer Raum und $T : X \to X$ eine Abbildung. T ist stetig, wenn das Urbild $T^{-1}(O) = \{x \in X \mid f(x) \in O\}$ jeder offenen Menge $O \subseteq X$ offen ist. Äquivalent hierzu kann man auch fordern, dass für jede Folge $(x_n)_{n \in \mathbb{N}}$, die gegen $x \in X$ konvergiert, die Bildfolge $(T(x_n))_{n \in \mathbb{N}}$ gegen $T(x)$ konvergiert. ◆

2.2　Maßtheorie

Die Abbildungen, die in der Ergodentheorie betrachtet werden, sind in jedem Falle messbar. Wir führen diesen Begriff nun ein.

Definition 2.5
Sei X eine Menge. Eine σ-Algebra $\mathfrak{S}$ ist eine Menge von Teilmengen von X mit

1. $\emptyset, X \in \mathfrak{S}$
2. $A \in \mathfrak{S} \Rightarrow X \backslash A \in \mathfrak{S}$
3. $A_i \in \mathfrak{S},\ i \in \mathbb{N} \Rightarrow \bigcup_{i=1}^{\infty} A_i \in \mathfrak{S}$.

$(X, \mathfrak{S})$ wird Messraum genannt und die Mengen in $\mathfrak{S}$ heißen messbar. Eine Abbildung $T : X \to X$ ist messbar, wenn das Urbild $T^{-1}(S) = \{x \in X | T(x) \in S\}$ jeder messbaren Menge S messbar ist. Ist X ein metrischer Raum, so ist die Borel-σ-Algebra $\mathfrak{B}(X)$ die kleinste σ-Algebra, die alle offenen Teilmengen von X enthält. Sie ist der Schnitt aller σ-Algebren, die diese Mengen enthalten. Die Mengen in dieser σ-Algebra werden Borel-Mengen genannt und eine Abbildung $T : X \to X$ ist Borel-messbar, wenn das Urbild $T^{-1}(B) = \{x \in X | T(x) \in B\}$ jeder Borel-Menge B eine Borel-Menge ist.　　　　　　　　　　　　　　　　　　　◆

Hier ist anzumerken, dass jede stetige Abbildung auf einem metrischen Raum Borel-messbar ist, nicht alle Borel-messbaren Abbildungen sind aber stetig. Zum Beispiel sind stückweise stetige Abbildungen im Allgemeinen Borel-messbar, aber nicht auf ihrem ganzen Definitionsbereich stetig.

Im Zentrum der Ergodentheorie stehen bestimmte Maße auf metrischen Räumen, hierzu die folgende Definition:

Definition 2.6
Sei $(X, \mathfrak{S})$ ein Messraum. Ein Maß ist eine Abbildung

$$\mu : \mathfrak{S} \to \mathbb{R}_{\infty}^{+} := \{x \in \mathbb{R} | x \geq 0\} \cup \{\infty\},$$

wobei gilt:

1. $\mu(\emptyset) = 0$.
2. Wenn $A_i \in \mathfrak{S}$ für $i \in \mathbb{N}$ disjunkt sind, so gilt:

$$\mu(\bigcup_{i \in \mathbb{N}} A_i) = \sum_{i \in \mathbb{N}} \mu(A_i).$$

Das Maß ist endlich, wenn $\mu(X) < \infty$, und ein Wahrscheinlichkeitsmaß, wenn $\mu(X) = 1$. $(X, \mathfrak{S}, \mu)$ heißt Maßraum. Eine Menge $A \in \mathfrak{S}$ mit $\mu(A) = 0$ wird Nullmenge genannt. Gilt eine Aussage für alle $x \in X \backslash A$ und A ist eine Nullmenge, so sagt man, dass die Aussage für fast alle $x \in X$ gilt.

Ist (X, d) ein metrischer Raum und $\mathfrak{S} = \mathfrak{B}(X)$ die Borel-σ-Algebra, so spricht man von Borel-Maßen, bzw. Borelschen Wahrscheinlichkeitsmaßen. Die Menge der Borelschen Wahrscheinlichkeitsmaße auf einem metrischen Raum X bezeichnen wir im Folgenden mit $\mathcal{M}(X)$. ◆

Als Beispiel eines Borel-Maßes definieren wir nun das n-dimensionale Lebesgue-Maß auf dem $\mathbb{R}^n$ durch

$$\mathcal{L}^n(B) = \inf\{\sum_{i=1}^{\infty} \mathrm{Vol}^n(Q_i) \mid B \subseteq \bigcup_{i=1}^{\infty} Q_i, \; Q_i \text{ Quader in } \mathbb{R}^n\},$$

wobei Vol^n das n-dimensionale Volumen eines Quaders $Q \subseteq \mathbb{R}^n$ ist.[1] Ist $X \subseteq \mathbb{R}^n$ eine Borel-Menge mit $0 < \mathcal{L}^n(X) < \infty$, so können wir ein Wahrscheinlichkeitsmaß auf X durch

$$\mu(B) = \mathcal{L}^n(B)/\mathcal{L}^n(X)$$

auf der σ-Algebra $\mathfrak{B}(X)$ definieren. Wir skalieren hier das Lebesgue-Maß zu einem Wahrscheinlichkeitsmaß auf X. Wir werden in Abschn. 4.1 sehen, dass das Lebesgue-Maß und solche skalierten Lebesgue-Maße in der Ergodentheorie eine Rolle spielen.

Zum Abschluss des Abschnitts gehen wir noch auf den Raum $\mathcal{M}(X)$ der Borelschen Wahrscheinlichkeitsmaße auf einem metrischen Raum ein. Offensichtlich ist die Menge $\mathcal{M}(X)$ nicht leer: Wir können zu $x \in X$ das Dirac-Maß durch $\delta_x(B) = 1$, falls $x \in B$, und $\delta_x(B) = 0$, falls $x \notin B$, definieren. Durch die Levy-Prokhorov Metrik

$$\pi(\mu, \nu) := \inf\left\{\varepsilon > 0 \mid \mu(A) \leq \nu(A^\varepsilon) + \varepsilon, \; \nu(A) \leq \mu(A^\varepsilon) + \varepsilon \text{ for all } A \in \mathfrak{B}(X)\right\},$$

---

[1]Hier ist anzumerken, dass sich das Lebesgue-Maß auch auf der größeren σ-Algebra $\mathfrak{L}(\mathbb{R}^n)$ der Lebesgue-messbaren Mengen L definieren lässt, die durch die Bedingung $\mathcal{L}^n(T) = \mathcal{L}^n(T \cap L) + \mathcal{L}^n(T \cap (\mathbb{R}^n \backslash L))$ für alle $T \subseteq \mathbb{R}^n$ bestimmt sind. Dies ist allerdings im Folgenden nicht relevant.

mit $A^\varepsilon := \bigcup_{p \in A} B_\varepsilon(p)$ wird $\mathcal{M}(X)$ zu einem metrischen Raum. Dieser ist vollständig, wenn X vollständig ist und in X eine abzählbare Menge dicht liegt. Er ist kompakt, wenn X kompakt ist.

2.3   Integrationstheorie

Wir geben in folgender Definition eine knappe Einführung in die Lebesgue'sche Integrationstheorie.

Definition 2.7

Sei $(X, \mathfrak{S}, \mu)$ ein Maßraum und $A_1, A_2, \ldots, A_n \in \mathfrak{S}$. Eine einfache Funktion $f : X \to \mathbb{R}$ ist gegeben durch

$$f(x) = \sum_{i=1}^{n} a_i \chi_{A_i}(x),$$

wobei $a_i \geq 0$ und χ_A die Indikatorfunktion von A ist, d.h. $\chi_A(x) = 1$ für $x \in A$ und $\chi_A(x) = 0$ sonst. Das Integral von f ist definiert durch

$$\int f d\mu = \int_X f(x) d\mu(x) = \sum_{i=1}^{n} a_i \mu(A_i).$$

Sei nun $f : X \to \mathbb{R} \cup \{\infty\}$ eine Abbildung mit $f \geq 0$. Das Integral von f über X bezüglich μ ist gegeben durch

$$\int f d\mu = \int_X f(x) d\mu(x) = \sup\{\int_X g(x) d\mu(x) \mid 0 \leq g \leq f, \ g \text{ ist einfach}\}.$$

Für eine beliebige Funktion $f : X \to \mathbb{R} \cup \{-\infty, \infty\}$ betrachten wir den positiven Teil $f^+(x) = \max\{f(x), 0\}$ und den negativen Teil $f^-(x) = \max\{-f(x), 0\}$ von f. Das Integral von f über X bezüglich μ ist in diesem Falle

$$\int f d\mu = \int_X f(x) d\mu(x) = \int_X f^+(x) d\mu(x) - \int_X f^-(x) d\mu(x).$$

Die Funktion f ist integrierbar, wenn das Integral über den positiven Teil und das Integral über den negativen Teil von f endlich sind. Ist $A \in \mathfrak{S}$, so ist f integrierbar über A in Bezug auf μ, wenn $f \cdot \chi_A$ Lebesgue-integrierbar über X ist. Das Integral von f über A bezüglich μ ist

$$\int_A f\,d\mu = \int_A f(x)\,d\mu(x) = \int_X f(x)\cdot \chi_A(x)\,d\mu(x).$$

Diese Definition gilt insbesondere für den Maßraum $(X, \mathfrak{B}(X), \mu)$, bei dem X ein metrischer Raum $\mathfrak{B}(X)$ die Borel-σ-Algebra und μ ein Borel-Maß ist. Betrachten wir das Lebesgue-Maß $\mathcal{L}^n$ auf dem $\mathbb{R}^n$, so setzt man üblicherweise

$$\int_B f(x)\,dx = \int_B f(x)\,d\mathcal{L}^n(x)$$

und berechnet das Integral über einen Quader $Q = [a_1, b_1] \times \cdots \times [a_n, b_n]$ mit dem Satz von Fubini

$$\int_Q f(x)\,dx = \int_{a_1}^{b_1} \cdots \int_{a_n}^{b_n} f(x_1, \ldots, x_n)\,dx_n \ldots dx_1.$$

Ist $f : [a, b] \to \mathbb{R}$ in Bezug auf das Lebesgue-Maß integrierbar und besitzt eine Stammfunktion F auf $[a, b]$, so gibt der Hauptsatz der Differential- und Integralrechnung

$$\int_a^b f(x)\,dx = F(b) - F(a).$$

Ist eine Funktion $f : \mathbb{R}^n \to \mathbb{R}$ gegeben, die in Bezug auf das Lebesgue-Maß integrierbar ist, so definiert sie durch

$$\mu(B) = \int_B f(x)\,dx$$

ein Borel-Maß μ auf $\mathbb{R}^n$. Die Funktion f wird in diesem Fall Dichte des Maßes genannt. Ist μ ein Wahrscheinlichkeitsmaß, so spricht man von einer Wahrscheinlichkeitsdichte. Für ein endliches Maß μ auf $\mathbb{R}^n$ existiert eine Dichte, genau dann wenn μ absolut stetig ist. Hierzu eine Definition:

Definition 2.8
Ein Borel-Maß μ auf $\mathbb{R}^n$ ist absolut stetig wenn $\mu(B) = 0$ für alle Borel-Mengen B mit $\mathcal{L}^n(B) = 0$ gilt. Ein Borel-Maß auf $\mathbb{R}^n$ heißt singulär, falls eine Borel-Menge B mit $\mathcal{L}^n(B) = 0$ und $\mu(\mathbb{R}^n \setminus B) = 0$ existiert.

Wir werden in Abschn. 4.2 sehen, dass absolut stetige Maße in der Ergodentheorie von großer Bedeutung sind. Aber auch singuläre Maße, für die keine Dichte existiert, spielen in der Ergodentheorie eine Rolle, siehe Abschn. 4.4.

Mit Hilfe des Lebesgue-Integrals lässt sich die Faltung endlicher Borel-Maße μ und ν auf $\mathbb{R}^n$ durch

$$\mu \star \nu(B) = \int \int \chi_B(x+y) d\mu(x) d\nu(y)$$

definieren. Auch Faltungen werden in der Ergodentheorie zuweilen verwendet. Zuletzt betrachten wir hier noch die Räume der zur p-ten Potenz in Bezug auf ein Borel-Maß μ integrierbaren Funktionen auf einem metrischen Raum X,

$$L^p(X, \mu) = \{f : X \to \mathbb{R} \mid f \text{ messbar mit } \int |f(x)|^p d\mu(x) < \infty\}.$$

In diesem Raum identifizieren wir zwei Funktionen miteinander, wenn diese sich nur auf einer Menge vom Maß Null unterscheiden. Durch

$$d(f, g) = \sqrt[p]{\int |f(x) - g(x)|^p d\mu(x)}$$

wird $L^p(X, \mu)$ so zu einem vollständigen metrischen Raum. In der Ergodentheorie werden uns insbesondere L^1-Räume integrierbarer Funktionen und L^2-Räume quadratintegrierbarer Funktion begegnen.

2.4 Ergodentheorie

Wir sind nun vorbereitet, die zentrale Definition der Ergodentheorie vorzunehmen.

Definition 2.9
Sei X ein metrischer Raum $T : X \to X$ Borel-messbar. Ein Borelsches Wahrscheinlichkeitsmaß μ heißt invariant unter T, wenn $\mu(T^{-1}(B)) = \mu(B)$ für alle Borel-Mengen B gilt. Eine Borel-Menge B heißt invariant unter T, wenn $T^{-1}(B) = B$ gilt. Ein invariantes Maß μ heißt ergodisch, wenn $\mu(B) \in \{0, 1\}$ für alle invarianten Borel-Mengen B gilt. Wir bezeichnen die Menge der invarianten Maße im Folgenden mit $\mathcal{M}_{\mathrm{INV}}(X, T)$ und die Menge der ergodischen Maße mit $\mathcal{M}_{\mathrm{ERG}}(X, T)$.   ◆

Die Frage, unter welchen Bedingungen ein invariantes' oder ein ergodisches Maß existiert, wird uns zu Beginn des nächsten Kapitels beschäftigen. Zahlreiche Beispiele invarianter und ergodischer Maße finden sich in Kap. 4. Wir wollen hier noch einen weiteren Grundbegriff der Ergodentheorie einführen.

Definition 2.10
Sei X ein metrischer Raum, $T : X \to X$ Borel-meßbar und $\mu \in \mathcal{M}_{\mathrm{INV}}(X, T)$. μ heißt mischend, wenn

$$\lim_{n \to \infty} \mu(A \cap T^{-n}(B)) = \mu(A)\mu(B)$$

für alle Borel-Mengen $A, B \subseteq X$ gilt. ◆

Wenn wir voraussetzen, dass die Abbildung T eine messbare Umkehrung hat, ist die Bedingung in unserer Definition äquivalent zu

$$\lim_{n \to \infty} \mu(A \cap T^{n}(B)) = \mu(A)\mu(B)$$

für alle Borel-Mengen $A, B \subseteq X$. $T^{n}(B)$ ist in diesem Fall messbar.

Mischende Maße sind offensichtlich ergodisch. Betrachtet man eine invariante Menge B und $A = X \backslash B$, so erhält man für ein mischendes Maß $\mu(X \backslash B)\mu(B) = 0$ und damit die Ergodizität des Maßes. Die Umkehrung gilt jedoch im Allgemeinen nicht. In Kap. 4 findet der Leser Beispiele von Maßen, die ergodisch aber nicht mischend sind.

Der abstrakte Begriff des Mischens lässt sich leicht anschaulich verstehen. Wir mischen 1/10 Liter Farbstoff mit 9/10 Liter weißer Farbe. μ sei das Volumen und B der Raumbereich, den der Farbstoff vor dem Mischen einnimmt, also $\mu(B) = 1/10$. Sei A nun ein beliebiger Raumbereich. Am Anfang sind in A genau $\mu(A \cap B)$ Liter Farbe, nach n-maligen Rühren T sind in A dann $\mu(A \cap T^{n}(B))$ Liter Farbe. Das Rühren T durchmischt die Farbe, wenn sich asymptotisch in A genau $\mu(A)\mu(B) = \mu(B)/10$ Liter Farbe befinden. Dies entspricht unserer Definition. Summiert sich das Volumen von Farbstoff und Farbe nicht zu Eins, können wir das Volumen entsprechend skalieren, um ein Wahrscheinlichkeitsmaß μ zu erhalten. Die Bedeutung des Begriffs der Ergodizität eines Maßes ist aus seiner Definition eher schwer zu verstehen. Die Ergodensätze, die wir im nächsten Kapitel vorstellen, werden aufzeigen, das gerade die ergodische Maße das asymptotische Verhalten eines dynamischen Systems für fast alle Anfangswerte bestimmen.

Uns bliebt hier noch zu definieren, unter welcher Bedingung zwei dynamische Systeme aus Sicht der Ergodentheorie isomorph d. h. ununterscheidbar sind.

Definition 2.11

Seien X, Y metrische Räume und $T : X \to X$ sowie $G : Y \to Y$ Borel-messbar, ferner sei $\mu \in \mathcal{M}_{\mathrm{INV}}(X, T)$ und $\nu \in \mathcal{M}_{\mathrm{INV}}(Y, G)$. Die Systeme (X, T, μ) und (Y, G, ν) werden ergodentheoretisch isomorph oder konjugiert genannt, wenn Mengen $\bar{X} \subseteq X$ und $\bar{Y} \subseteq Y$ mit $\mu(\bar{X}) = \nu(\bar{Y}) = 1$ existieren und es eine messbare Bijektion $\pi : \bar{X} \to \bar{Y}$ mit messbarer Umkehrung gibt, sodass $\pi \circ T(x) = G \circ \pi(x)$ für alle $x \in \bar{X}$ und $\mu(B) = \nu(\pi(B))$ für alle Borel-Mengen B in $\bar{X}$ gilt.   ◆

Sind zwei Systeme (X, T, μ) und (Y, G, ν) ergodentheoretisch isomorph und ist μ ergodisch, so ist ν ergodisch. Genauso ist ν mischend, wenn μ mischend ist.

Beispiel konjugierter Systeme werden wir in Abschn. 4.3 und 4.4 vorstellen.

Hauptsätze 3

3.1 Existenz invarianter und ergodischer Maße

Der erste Satz dieses Buches beschäftigt sich mit der Existenz invarianter Maße und der Struktur der Menge dieser Maße.

Satz 3.1

Sei X kompakt und $T : X \to X$ stetig. $\mathcal{M}_{INV}(X, T)$ ist nicht leer, mit der Levy-Prokhorov-Metrik kompakt und konvex. Letzteres bedeutet $\mu_1, \mu_2 \in \mathcal{M}_{INV}(X, T)$ impliziert $\lambda\mu_1 + (1 - \lambda)\mu_2 \in \mathcal{M}_{INV}(X, T)$ für alle $\lambda \in [0, 1]$.

Die erste Beweis der Existenz des invarianten Maßes wurde durch Bogoliubov und Krylov (1937) erbracht. Dass $\mathcal{M}_{INV}(X, T)$ kompakt ist, folgt aus dem Satz von Banach-Alaoglu, siehe Alaoglu (1940). Die Konvexität des Raums ist leicht zu beweisen, der interessierte Leser kann diesen Beweis als Übung erbringen. Die Annahmen, dass der Raum X kompakt und die Abbildung T stetig ist, sind notwendig um die Existenz eines invarianten Maßes zu garantieren. So ist etwa eine Verschiebung auf $\mathbb{R}$ stetig, besitzt aber kein invariantes Wahrscheinlichkeitsmaß. Auch messbare Abbildungen auf kompakten Räumen die kein invariantes Maß besitzen, lassen sich konstruieren. Zum Beispiel ist die Abbildung $T : [0, 1] \to [0, 1]$ gegeben durch $T(x) = x/2$ für $x \in (0, 1] \cap \mathbb{Q}$, $T(x) = 1 - x/2$ für $x \in (0, 1) \backslash \mathbb{Q}$ und $f(0) = 1/\sqrt{2}$ messbar, hat aber kein invariantes Wahrscheinlichkeitsmaß.[1]

Aus der Existenz eines invarianten Maßes folgt die Existenz eines ergodischen Maßes:

---

[1] Beide hier definierten Abbildungen haben keinen rekurrenten Punkt, siehe hierzu Satz 3.4.

J. Neunhäuserer, *Einführung in die Ergodentheorie*, essentials, https://doi.org/10.1007/978-3-658-31292-3_3

Satz 3.2

Sei X eine metrischer Raum und $T : X \to X$ Borel-messbar. Existiert ein invariantes Maß $\mu \in \mathcal{M}_{INV}(X, T)$, so existiert auch ein ergodisches Maß $\mu \in \mathcal{M}_{ERG}(X, T)$.

Dieses Resultat folgt aus dem ergodischen Zerlegungssatz von Rokhlin (1949). Ist X kompakt und T stetig, so sind die ergodischen Maße die Eckpunkte des kompakten und konvexen Raumes $\mathcal{M}_{INV}(X, T)$, d.h. $\mu \in \mathcal{M}_{ERG}(X, T)$ genau dann wenn für alle $\mu_1, \mu_2 \in \mathcal{M}_{INV}(X, T)$ gilt: $\mu = \lambda\mu_1 + (1 - \lambda)\mu_2$ impliziert $\mu = \mu_1$ oder $\mu = \mu_2$. Die Existenz von Eckpunkten für kompakte und konvexe Räume liefert der Satz von Krein und Milman (1940).

3.2 Rekurrenz

Der poincaresche Rekurrenzsatz kennzeichnet die Geburtsstunde der Ergodentheorie, siehe Poincaré (1890). Eine maßtheoretische Formulierung des Satzes findet sich erstmals bei Carathéodory (1919).

Satz 3.3

Sei X ein metrischer Raum, $T : X \to X$ Borel-messbar, $\mu \in \mathcal{M}_{INV}(X, T)$ und B eine Borel-Menge mit $\mu(B) > 0$. Für fast alle $x \in B$ existiert eine wachsende Folge $(n_k)_{k \in \mathbb{N}}$ natürlicher Zahlen, für die $T^{n_k}(x) \in B$.

Der Satz besagt, dass fast alle $x \in B$ bei der wiederholten Anwendung von T unendlich oft in B zurückkehren. Anders ausgedrückt, ist der Schnitt des Orbits $O_T(x) = \{T^n(x) | n \geq 0\}$ fast aller $x \in B$ mit B eine unendliche Menge. Der Beweis dieses Satzes ist einfach, er ergibt sich aus der Beobachtung, dass die Mengen $T^{-n}(B)$ das gleiche Maß haben und damit nicht disjunkt sein können. Der interessierte Leser wird die Details problemlos ausarbeiten.

Wir wollen nun die asymptotische Rückkehr einzelner Punkte bei wiederholter Anwendung von T betrachten.

Definition 3.1

Sei X ein metrischer Raum und $T : X \to X$ eine Abbildung. $x \in X$ heißt rekurrent, wenn es eine wachsende Folge $(n_k)_{k \in \mathbb{N}}$ natürlicher Zahlen mit $\lim_{k \to \infty} T^{n_k}(x) = x$ gibt. Die Menge der rekurrenten Punkte bezeichnen wir mit $R(X, T)$.   ◆

Aus dem poincareschen Rekurrenzsatz erhalten wir:

Satz 3.4
Sei X ein metrischer Raum, in dem eine abzählbare Menge dicht liegt und $T : X \to X$ Borel-messbar. Existiert ein invariantes Maß $\mu \in \mathcal{M}_{INV}(X, T)$, so sind fast alle $x \in X$ in Bezug auf μ rekurrent, d. h. $\mu(R(X, T)) = 1$.

Aus der Existenz invarianter Maße und diesem Satz ergibt sich, dass alle stetigen Abbildungen auf kompakten Räumen mindestens einen rekurrenten Punkt haben, was sehr überraschend ist. Zum Beispiel existiert ein Fixpunkt, und damit ein konstanter rekurrenter Orbit, zwar für alle stetigen Abbildungen einer konvexen und kompakten Teilmenge des $\mathbb{R}^n$ in sich, aber nicht für alle stetigen Abbildungen auf einer Teilmenge des $\mathbb{R}^n$, die nur kompakt, aber nicht konvex ist.

Wir stellen nun die Frage nach der Rückkehrzeit, also nach wievielen Anwendung von T damit zu rechnen ist, dass $x \in B$ nach B zurückkehrt, wenn x zurückkehrt. Sei $t_B(x) = \min\{n \in \mathbb{N} | T^n(x) \in B\}$, falls $x \in B$ zurückkehrt und $t_A(x) = 0$ sonst. Ein Antwort auf unsere Frage gibt Kac (1947).

Satz 3.5
Sei X ein metrischer Raum, $T : X \to X$ Borel-messbar, $\mu \in \mathcal{M}_{ERG}(X, T)$ und B eine Borel-Menge mit $\mu(B) > 0$. Der Erwartungswert von t_B unter der Bedingung $x \in B$ ist gegeben durch

$$\mathbb{E}(t_B | B) = \int_B t_B(x) d\mu(x) / \mu(B) = 1/\mu(B).$$

Der Satz besagt, dass die erwartete Rückkehrzeit der Kehrwert des Maßes der betrachteten Mengen ist, was intuitiv einleuchtet. Ein Beweis kann mit Hilfe des Ergodensatzes von Birkhoff erbracht werden, den wir im nächsten Abschnitt vorstellen.

Zum Abschluss wollen wir den Rekurrenzsatz von Fürstenberg (1977) besprechen.[2] Verallgemeinerungen, Variationen und Anwendungen dieses Satzes spielen in der zeitgenössischen Forschung eine Rolle, wir empfehlen hierzu den Überblicksaufsatz von Kra (2011).

---

[2]Für den Beweis dieses Satzes und die Anwendung der Rekurrenz in der Zahlentheorie, die wir im letzten Kapitel dieses Buches beschreiben, wurde Hillie Fürstenberg (1935-) vor kurzem mit dem Abel-Preis ausgezeichnet.

Satz 3.6

Sei X eine metrischer Raum, $T : X \to X$ Borel-messbar, $\mu \in \mathcal{M}_{INV}(X, T)$ und B eine Borel-Menge mit $\mu(B) > 0$. Für alle $k \in \mathbb{N}$ existiert ein $n \in \mathbb{N}$, sodass

$$\mu(B \cap T^{-n}(B) \cap T^{-2n}(B) \cap \cdots \cap T^{-kn}(B)) > 0.$$

Für $k = 2$ ist dies eine Variante des poincareschen Rekurrenzsatzes, die sofort aus dessen Beweis folgt. Der Beweis des Satzes für $k > 2$ ist diffizil.

3.3 von Neumannscher und Birkhoffscher Ergodensatz

Der von Neumannsche und der Birkhoffsche Ergodensatz stehen im Zentrum der Ergodentheorie, siehe von Neumann (1932) und Birkhoff (1931). Sie zeigen auf, dass ergodische Maße das asymptotische Verhalten eines dynamische Systems für fast alle Anfangsbedingungen beschreiben. Wir beginnen mit dem von Neumannschen Ergodensatz, der auch L^2-Ergodensatz oder Mittelwert-Ergodensatz genannt wird,

Satz 3.7

Sei X ein metrischer Raum und $T : X \to X$ Borel-messbar. $\mu \in \mathcal{M}_{INV}(X, T)$ ist ergodisch genau dann wenn

$$\lim_{N \to \infty} \frac{1}{N} \sum_{n=0}^{N} f \circ T^n = \int_X f(x)\,d\mu(x)$$

für alle $f \in L^2(X, \mu)$ bezüglich der Metrik dieses Raumes gilt.

Der Satz besagt, dass genau für T-ergodische Maße μ das zeitliche Mittel einer L^2-Funktion f über der Evolution von T im quadratischen Mittel gegen das räumliche Mittel von f, bzw. dessen Erwartungswert in Bezug auf μ konvergiert. Hier ist anzumerken, dass sich von Neumanns Satz auch funktionalanalytisch für unitäre Operatoren auf Hilbert-Räumen formulieren lässt. Diese Formulierung nimmt allerdings keinen direkten Bezug auf ergodische Maße.

Nun betrachten wir die zeitliche Entwicklung einzelner Punkte unter einer Transformation T.

Definition 3.2

Sei X ein metrischer Raum, $T : X \to X$ Borel-messbar und $\mu \in \mathcal{M}_{INV}(X, T)$. Ein Punkt $x \in X$ wird generisch in Bezug auf μ genannt, wenn

$$\lim_{N \to \infty} \frac{1}{N} \sum_{n=0}^{N} f \circ T^n(x) = \int_X f(x) d\mu(x)$$

für alle $f \in L^1(X, \mu)$ gilt. Die Menge der generischen Punkte bezeichnen wir mit $G(X, T, \mu)$. ◆

Ist x generisch und $B \subseteq X$ Borel-messbar, so erhalten wir insbesondere

$$\lim_{N \to \infty} \frac{\sharp\{0 \le n \le N - 1 | T^n \in B\}}{N} = \mu(B),$$

indem wir für f die charakteristische Funktion von B einsetzen. Die Häufigkeit, dass der Orbit eines generischen Punktes in B ist, konvergiert also gegen das Maß von B. Invariante Maße beschreiben damit das asymptotische Verhalten der Orbits $O_T(x) = \{T^n(x) | n \ge 0\}$ ihrer generischen Punkte vollständig.

Der Ergodensatz von Birkhoff, auch punktweiser Ergodensatz genannt, lässt sich ausgehend von unserer Definition wie folgt formulieren:

Satz 3.8

Sei X ein metrischer Raum, $T : X \to X$ Borel-messbar und $\mu \in \mathcal{M}_{INV}(X, T)$.$\mu$ ist ergodisch genau dann, wenn fast alle Punkte in Bezug auf μ generisch sind, d. h. $\mu(G(X, T, \mu)) = 1$.

Wie stark dieser Satz ist, hängt von dem ergodischen Maß ab, das wir betrachten. Für ein Maß auf einem Fixpunkt x mit $T(x) = x$ oder einem periodischen Punkt mit $T^p(x) = x$ gibt der Ergodensatz von Birkhoff keine neue Information über die Dynamik von T. Ist das Lebesgue-Maß skaliert auf $X \subseteq \mathbb{R}^n$ ergodisch in Bezug auf eine Abbildung $T : X \to X$, hat die Menge der generischen Punkte volles Lebesgue-Maß. Damit beschreibt das Maß die asymptotische Entwicklung einer großen Menge von Punkten. Ist μ absolut stetig in Bezug auf das Lebesgue-Maß, haben die generischen Punkte positives Lebesgue-Maß und für $x \in G(X, T, \mu)$ gilt

$$\lim_{N \to \infty} \frac{\sharp\{0 \le n \le N - 1 | T^n \in B\}}{N} = \int_B f(x) dx,$$

wobei f die Dichte des Maßes ist. Wieder beschreibt das Maß, bzw. seine Dichte die asymptotische Verteilung vieler Orbits vollständig. Beispiele zu Abbildungen mit ergodischem Lebesgue-Maß und Abbildungen mit einem absolut stetigem ergodischen Maß finden sich in Abschn. 4.1 und 4.2

Manche dynamischen Systeme besitzen nur singuläre ergodische Maße, die trotzdem die asymptotische Dynamik beschreiben. Hierzu eine Definition:

Definition 3.3

Sei $X \subseteq \mathbb{R}^n$ und $T : X \rightarrow X$ Borel-messbar. Wir nennen ein Maß $\mu \in \mathcal{M}_{\mathrm{ERG}}(X, T)$ physikalisch oder sichtbar, wenn für fast alle $x \in X$

$$\lim_{N \to \infty} \frac{1}{N} \sum_{n=0}^{N} f \circ T^n(x) = \int_X f(x)d\mu(x)$$

für alle stetigen Funktionen $f : X \rightarrow \mathbb{R}$ gilt.[3]   ◆

Gemäß dieser Definition sind absolut stetig ergodische Maße sichtbar. Singuläre physikalische Maße auf fraktalen Mengen stellen wir in Abschn. 4.4 vor.

3.4   Oseledets multiplikativer Ergodensatz

Um den multiplikativen Ergodensatz von Oseledets (1968) formulieren zu können, benötigen wir folgende Definition.

Definition 3.4

Sei X ein metrischer Raum und $T : X \rightarrow X$ eine Abbildung. Ferner sei $C : X \times \mathbb{N}_0 \rightarrow GL(k, \mathbb{R})$ eine Abbildung in den Raum der invertierbaren reellen $k \times k$-Matrizen mit der Matrixnorm $||A|| = \sqrt{\sum_{i,j=0}^{k} a_{ij}^2}$.

C wird Kozykel genannt, wenn $C(x, 0)$ die identische Matrix ist und

$$C(x, n + m) = C(T^n(x), m) \cdot C(x, n)$$

für alle $x \in X$ und alle $n, m \geq 0$ gilt.   ◆

---

[3]Diese Begrifflichkeit geht auf Eckmann und Ruelle (1985) zurück, wobei in diesem Artikel nicht vorausgesetzt wird, dass physikalische Maße ergodisch sind. Wir betrachten in dieser Einführung allerdings ausschließlich ergodische physikalische Maße.

Mit dieser Notation erhalten wir:

Satz 3.9
*Sei X ein metrischer Raum, $T : X \to X$ Borel-messbar, $\mu \in \mathcal{M}_{ERG}(X, T)$ und $C :$
$X \times \mathbb{N}_0 \to GL(k, \mathbb{R})$ ein Kozykel mit $h(x) = \max\{0, \log \|C(x, n)\|\} \in L^1(X, \mu)$
für alle $n \geq 0$. Es gibt reelle Zahlen $\lambda_1 < \lambda_2 < \cdots < \lambda_m$ mit $1 \leq m \leq k$ und
lineare Unterräume des $\mathbb{R}^k$ mit*

$$\mathbb{R}^k = L_1 \subset L_2 \subset \cdots \subset L_m \subset L_{m+1} = \{0\},$$

sodass für fast alle $x \in X$ in Bezug auf μ

$$\lim_{n \to \infty} \frac{1}{n} \log |C(x, n)v| = \lambda_i$$

*für alle $v \in V_i = L_i \setminus L_{i+1}$ und alle $i \in \{1, \ldots, m\}$ gilt. Für $i \in \{1, \ldots, m\}$ wird λ_i
Lyapunov-Exponent mit der Vielfachheit $v_i = (\dim L_i - \dim L_{i+1})$ genannt.*

Oftmals wird dieser Satz auf stetig differenzierbare Abbildungen T auf kompakten
Gebieten X des $\mathbb{R}^k$, bzw. auf kompakten differenzierbaren Riemannschen Mannigfaltigkeiten angewendet. Als Kozykel wählt man die Jakobi-Matrix von T^n, die die
partiellen Ableitungen der Koordinatenfunktionen T_i^n enthält, d. h.

$$C(x, n) = D_x T^n = \left(\frac{\partial T_i^n}{\partial x_j}(x) \right)_{i,j=1,\ldots,k}.$$

Wir erhalten aus dem multiplikativen Ergodensatz für fast alle $x \in X$ in Bezug auf
ein ergodisches Maß μ

$$\lim_{n \to \infty} \frac{1}{n} \log |D_x T^n v| = \lambda_i,$$

für alle Vektoren v aus V_i. Anders ausgedrückt gilt asymptotisch $|D_x T^n v| \approx e^{n\lambda_i}$
für $v \in V_i$. Für $\lambda_i > 0$ ist die Abbildung T also expandierend in Richtung von
Vektoren aus V_i entlang fast aller Orbits in Bezug auf das ergodische Maß μ. Ist
$\lambda_i < 0$, so ist die Abbildung kontrahierend in Richtung von V_i entlang dieser Orbits.
Ist Null kein Lyapunov-Exponent eines Systems (X, T, μ), so wird es hyperbolisch.
Für hyperbolische Systeme zeigt die Pesin-Theorie die Existenz von instabilen und
stabilen Mannigfaltigkeiten in X, auf denen T expandierend, resp. kontrahierend
ist, siehe Pesin (1976). Die Darstellung der Details würde hier zu weit führen.

Lyapunov-Exponenten sind wichtige ergodentheoretische Invarianten, die die asymptotische Dynamik einer differenzierbaren Abbildung für fast alle Anfangsbedingungen in Bezug auf ein ergodisches Maß quantitativ beschreiben. Die Existenz eines positiven Lyapunov-Exponenten ist ein Kennzeichen der Sensitivität eines Systems gegenüber Anfangsbedingungen. Kleine Änderung der Anfangsbedingungen führen zu großen Änderungen des Orbits des Systems. Unter zusätzlichen Annahmen impliziert diese Sensitivität eine chaotische Dynamik, siehe hierzu Abschn. 5.3.

Im nächsten Kapitel werden wir die Lyapunov-Exponenten vieler paradigmatischer Beispiele dynamischer Systeme mit ergodischen Maßen angeben.

Beispiele

4

4.1 Das Lebesgue-Maß als ergodisches Maß

Wir betrachten zunächst Rotationen des Kreisringes $\mathbb{S}^1 \subseteq \mathbb{R}^2$ und des n-Torus $\mathbb{T}^n \subseteq \mathbb{R}^{2n}$. Zwecks einfacher Notation identifizieren wir $[0, 1)$ mit $\mathbb{S}^1$ mittels der Bijektion $\kappa(x) = (\sin(2\pi x), \cos(2\pi x))$ und versehen $[0, 1)$ mit der Kreismetrik $d(x, y) = d_{\mathbb{S}^1}(\kappa(x), \kappa(y))/2\pi$. Genauso identifizieren wir den n-Torus mit $[0, 1)^n$.

Die Rotation des Kreisringes um $2\pi\alpha$ ist durch die Abbildung

$$R_\alpha : [0, 1) \to [0, 1) \text{ mit } R_\alpha(x) = \{x + \alpha\}$$

gegeben, wobei $\{x\}$ den Nachkommaanteil von x bezeichnet. Ist α irrational, so ist das Lebesgue-Maß $\mathcal{L}^1$ das eindeutig bestimmte ergodische Maß von R_α. Das System ist nicht mischend und der Lyapunov Exponent ist Null. Ist $\alpha = p/q$ rational, so ist die Rotation periodisch, $R^q_{p/q}(x) = x$. Das Lebesgue-Maß ist in diesem Falle zwar invariant, aber nicht ergodisch, dafür definiert $\mu(R^i_{p/q}(x)) = 1/q$ für $i = 0, \ldots, q - 1$ ein ergodisches Maß auf jedem Orbit.

Für einen Vektor $\alpha = (\alpha_1, \ldots, \alpha_n) \in \mathbb{R}^n$ beschreibt

$$R_\alpha : [0, 1)^n \to [0, 1)^n \text{ mit } R_\alpha(x) = \{x + (\alpha_1, \ldots, \alpha_n)\}$$

eine Rotation des n-Torus. Das Lebesgue-Maß $\mathcal{L}^n$ ist in diesem Falle ergodisch, genau dann, wenn $\alpha_1, \ldots, \alpha_n$ und 1 rational unabhängig sind, d. h. für alle $k_i \in \mathbb{Z}$ gilt $k_1\alpha_1 + \ldots k_n\alpha_n \in \mathbb{Z}$ nur für $k_1 = \cdots = k_n = 0$. Das System ist wieder eindeutig ergodisch, nicht mischend und Null ist ein Lyapunov-Exponent der Vielfachheit n.

Für $b \in \mathbb{N}$ mit $b \geq 2$ betrachten wir nun die expandierende Abbildung

© Der/die Herausgeber bzw. der/die Autor(en), exklusiv lizenziert durch Springer Fachmedien Wiesbaden GmbH, ein Teil von Springer Nature 2020
J. Neunhäuserer, *Einführung in die Ergodentheorie*, essentials,
https://doi.org/10.1007/978-3-658-31292-3_4

$$E_b : [0, 1) \to [0, 1) \text{ mit } E_b(x) = \{bx\}.$$

Das Lebesgue-Maß $\mathcal{L}^1$ ist ergodisch in Bezug auf diese Abbildung, das System ist mischend und sein Lyapunov-Exponent ist $\log(b)$. Weiterhin existieren viele andere Maße, die in Bezug auf E_b ergodisch und sich als Projektionen von Bernoulli- und Markov-Maßen auf dem Folgenraum $\{1, \ldots, b\}^{\mathbb{N}}$ schreiben lassen, vgl. hierzu Abschn. 4.3.

Sei $A \in \mathbb{Z}^{n \times n}$ eine Matrix mit Determinante ± 1 und keinen Eigenwerten vom Betrag 1. In Bezug auf die lineare Abbildung

$$E_A : [0, 1)^n \to [0, 1)^n \text{ mit } E_A(x) = \{Ax\},$$

auf dem n-Torus ist das n-dimensionale Lebesgue-Maß $\mathcal{L}^n$ ergodisch. Das System ist mischend und die Lyapunov-Exponenten sind durch den Logarithmus der Eigenwerte der Matrix A gegeben. Das klassische Beispiel ist Arnolds Katzenabbildung mit $A = \begin{pmatrix} 2 & 1 \\ 1 & 1 \end{pmatrix}$ und den Lyapunov-Exponenten $\log((3 \pm \sqrt{5})/2)$.

Mathematische Modelle der Physik, insbesondere der Hamiltonschen Mechanik, waren eine Motivation für die Entwicklung der Ergodentheorie. Für Hamiltonsche Systeme ist das Lebesgue-Maß zumindest invariant. Wir betrachten hierzu eine offene Menge $\Omega \subseteq \mathbb{R}^n \times \mathbb{R}^n$ und eine zweimal stetig differenzierbare Funktion $H : \Omega \to \mathbb{R}$. Der Hamiltonsche Fluss $T_t(p(0), q(0)) = (p(t), q(t)) \in \Omega$ ist die Lösung des Differentzialgleichungssystems

$$\frac{dp_i}{dt} = -\frac{\partial H}{\partial q_i} \quad \frac{dq_i}{dt} = \frac{\partial H}{\partial p_i},$$

für $i = 1, \ldots, n$. Physiker interpretieren q als Ortskoordinaten und p als Impulskoordinaten eines physikalischen Objekts. Fixieren wir t, so definiert $T_t : \Omega \to \Omega$ eine Abbildung mit $T_t^n = T_{nt}$ und der Satz von Liouville zeigt, dass das Lebesgue-Maß $\mathcal{L}^n$ invariant unter T_t ist. Im Allgemeinen ist das Lebesgue-Maß jedoch nicht ergodisch in Bezug auf eine solche Abbildung, siehe Bessa und Dias (2011). Für ein reibungsfreies Billard auf einem rechteckigen Tisch $R = [0, a] \times [0, b]$ mit elastischer Reflektion ist das skalierte Lebesgue-Maß $\mu = \mathcal{L}^2/ab$ allerdings nicht nur invariant, sondern sogar ergodisch, wenn $\tan(\alpha)a/b \notin \mathbb{Q}$ für den Anstoßwinkel α gilt. Das System ist in diesem Falle eindeutig ergodisch, nicht mischend mit Lyapunov-Exponent Null. Die zahlentheoretische Bedingung, die wir hier angeben, bedeutet, dass die Steigung des Anstoßes relativ zu den Seitenlängen irrational ist. Andernfalls ist das System periodisch. Tatsächlich ist das Lebesgue-Maß ergodisch in Bezug auf Billards in einer topologisch großen Menge von Polygonen, siehe Kerckhoff, Masur und Smillie (1986). Außer in Spezialfällen ist es jedoch bis heute nicht möglich zu entscheiden, ob dies für ein konkretes Polygon gilt. Es ist auch unbekannt, ob es mischende Billards in Polygonen gibt.

4.2 Absolut stetige ergodische Maße

Für die logistische Abbildung $T : [0, 1] \to [0, 1]$ mit $T(x) = 4x(1 - x)$ ist ein absolut stetiges ergodisches Maß μ durch

$$\mu(B) = \frac{1}{\pi} \int_B \frac{1}{\sqrt{x(1 - x)}} dx$$

gegeben. Auch für die Gauß-Abbildung $T : [0, 1] \to [0, 1]$ mit $T(x) = \{1/x\}$ und $T(0) = 0$, lässt sich ein absolut stetiges ergodisches Maß μ durch

$$\mu(B) = \frac{1}{\log(2)} \int_B \frac{1}{1 + x} dx$$

explizit angeben. Beide Systeme sind weiterhin mischend und haben einen positiven Lyapunov-Exponenten. Die Dichte eines absolut stetigen ergodischen Maßes explizit anzugeben, ist in den meisten Fällen nicht möglich, es gibt jedoch eine Reihe von Sätzen, die die Existenz absolut stetiger ergodischer Maßes sichern. Für die logistische Familie $T_c : [0, 1] \to [0, 1]$, mit $T(x) = cx(1-x)$ und $c \in (0, 4]$, existiert ein solches Maß für fast alle c in einem Intervall $[\kappa, 4]$, siehe Benedicks und Carleson (1985).[1] Für fast alle kleineren c hat die Abbildung anziehende periodische Orbits, auf denen ergodische Maße konzentriert sind.

Weiterhin sichert der Satz von Lasota und Yorke (1973) die Existenz eines absolut stetigen ergodischen Maßes für expandierende Intervall-Abbildungen:

Satz 4.1
Für eine stückweise zweimal stetig differenzierbare Abbildung $T : [a, b] \to [a, b]$, mit $|T'(x)| \geq c > 1$ für alle x, an denen die Ableitung definiert ist, existiert ein absolut stetiges ergodisches Maß μ, dessen Dichte f

---

[1] Für seine Arbeiten in in der Theorie dynamischer Systeme wurde Lennart Carleson (1928-) im Jahre 2006 mit dem Abel-Preis ausgezeichnet.

$$f(x) = \sum_{y \in T^{-1}(x)} \frac{f(y)}{|T'(y)|}$$

erfüllt.

Es gibt einige Bemühungen dieses Resultat auf expandierende Abbildungen des $\mathbb{R}^n$ zu übertragen, siehe zum Beispiel Saussol (2000) und Tsujii (2006). Die Funktionsgleichung für die Dichte f in Satz 4.1 ist zwar nur in Ausnahmefällen explizit lösbar, sie erlaubt jedoch eine recht effiziente Approximation der Dichte des ergodischen Maßes, siehe Murray (1998). 4 Als Beispiel eines Systems im $\mathbb{R}^2$ mit einer expandierenden und einer kontrahierenden Richtung betrachten wir nun die verallgemeinerte Bäcker-Transformation $T_\beta : [0, 1]^2 \to [0, 1]^2$ mit

$$T_\beta(x, y) = \begin{cases} (\beta x, 2y), & \text{wenn } y \in [0, 1/2], \\ (\beta x + (1 - \beta), 2y - 1), & \text{wenn } y \in (1/2, 1] \end{cases}$$

Für $\beta \in (0, 1/2)$ sind die ergodischen Maße des Systems auf einem fraktalen Attraktor konzentriert und damit nicht absolut stetig, wir kommen hierauf im übernächsten Abschnitt zurück. Für $\beta = 1/2$ ist das Lebesgue-Maß $\mathcal{L}^2$ ergodisch. Seit Solomyak (1995) ist bekannt, dass für fast alle $\beta \in (1/2, 1)$ ein absolut stetiges ergodisches Maß $\mu_\beta \times \mathcal{L}^1$ für T_β existiert. Das Maß μ_β ist ein unendlich gefaltetes Bernoulli-Maß, genauer gesagt handelt es sich um die Faltung der Punktmaße $(\delta_0 + \delta_{\beta^i/(1-\beta)})/2$ für $i \geq 0$. Auf der anderen Seite existiert kein absolut stetiges ergodisches Maß, wenn $\beta \in (1/2, 1)$ der Kehrwert einer Pisot-Zahl ist. Eine Pisot-Zahl ist eine algebraische Zahl $\alpha > 1$, deren Konjugierte Betrag kleiner Eins haben, wie zum Beispiel die goldene Zahl $(\sqrt{5} + 1)/2$. In diesem Fall ist μ_β singulär, siehe Erdös (1939). Ob Pisot-Zahlen die einzigen Ausnahmen sind, ist bis heute ungeklärt und Gegenstand intensiver Forschung, siehe Varju (2018) für einige aktuelle Resultate.

4.3 Bernoulli- und Markov-Maße

Sei Σ im Folgenden der einseitige Folgenraum $\{1, \ldots, b\}^{\mathbb{N}}$ oder der zweiseitige Folgenraum $\{1, \ldots, b\}^{\mathbb{Z}}$. Die Shift-Abbildung auf $\sigma : \Sigma \to \Sigma$ ist gegeben durch $\sigma((s_k)) = (s_{j+1})$. Das System (Σ, σ) ist ein universelles Modell der symbolischen Dynamik. Für einen Wahrscheinlichkeitsvektor $p = (p_1, \ldots, p_b)$ mit $p_i \in [0, 1]$ und $\sum_{i=1}^b p_i = 1$ definieren wir ein Bernoulli-Maß auf Σ durch

$$\mu_p(\{(t_k) \in \Sigma \mid t_k = s_k, \ k = 1, \ldots, n\}) = \prod_{k=1}^{n} p_{s_k}$$

für alle endlichen Folgen $(s_1, \ldots, s_n) \in \{1, \ldots, b\}^n$. Dieses Maß ist ergodisch in Bezug auf den Shift σ. Das System (Σ, σ, μ_p) wird Bernoulli-Shift genannt. Ist $p_i \neq 1$ für alle $i = 1, \ldots, b$, also μ_p nicht auf einen Fixpunkt konzentriert, so ist das System sogar mischend.

Sei $P = (p_{i,j})_{i,j=1,\ldots,b}$ nun eine Wahrscheinlichkeitsmatrix mit $p_{i,j} \in [0, 1]$ und $\sum_{i=1}^{b} p_{i,j} = 1$ für $j = 1, \ldots, b$. Weiterhin sei $p = (p_1, \ldots, p_b)$ ein Wahrscheinlichkeitsvektor, der invariant unter P ist, d. h. $Pp = p$. Wir definieren ein Markov-Maß auf Σ durch

$$\mu_{P,p}(\{(t_k) \in \Sigma \mid t_k = s_k, \ k = 1, \ldots, n\}) = p_{s_1} \prod_{k=1}^{n} p_{s_k, s_{k+1}}$$

für alle endlichen Folgen $(s_1, \ldots, s_n) \in \{1, \ldots, b\}^n$. Dieses Maß ist ergodisch in Bezug auf den Shift σ. Ist P transitiv, d. h. P^l hat für ein $l \in \mathbb{N}$ nur positive Einträge, so ist der invariante Wahrscheinlichkeitsvektor p eindeutig bestimmt und das System $(\Sigma, \sigma, \mu_{P,p})$ ist mischend. Definieren wir eine Matrix A durch $a_{i,j} = 0$, wenn $p_{i,j} = 0$ und $a_{i,j} = 1$ sonst, so bildet $\Sigma_A = \{(s_k) \in \Sigma \mid a_{s_k, s_{k+1}} = 1$ für alle $k\}$ einen Unterraum von Σ mit $\mu_{P,p}(\Sigma_A) = 1$. Das System $(\Sigma_A, \sigma, \mu_{P,p})$ wird Markov-Shift genannt und das topologische System (Σ_A, σ) heißt Shift endlichen Typs.

Markov- und Bernoulli-Shifts werden eingesetzt, um die Dynamik anderer Systeme (X, T) zu kodieren. Wir brauchen hierzu eine Menge $\tilde{\Sigma} \subseteq \Sigma$, sowie eine umkehrbare Abbildung $\pi : \tilde{\Sigma} \to X$, die in beide Richtungen Borel-messbar ist und σ mit T auf $\tilde{\Sigma}$ konjugiert, d. h.

$$\pi \circ \sigma((s_k)) = T \circ \pi((s_k))$$

für alle $(s_k) \in \tilde{\Sigma}$. Haben wir nun ein in Bezug auf σ ergodisches, resp. mischendes Maß μ auf Σ mit $\mu(\tilde{\Sigma}) = 1$, so ist $\pi(\mu) := \mu \circ \pi^{-1}$ ein in Bezug auf T ergodisches, resp. mischendes Maß auf X. Die Systeme $(X, T, \pi(\mu))$ und (Σ, σ, μ) sind ergodenthretisch isomorph, siehe Definition 2.11. Insbesondere erhalten wir so ergodische Bernoulli-Maße $\pi(\mu_p)$ und Markov-Maße $\pi(\mu_{P,p})$ auf X.

Als Beispiel betrachten wir die Abbildung $E_b : [0, 1) \to [0, 1)$ mit $E_b(x) = \{bx\}$ aus dem vorletzten Abschnitt. Sei $\tilde{\Sigma} \subset \{1, \ldots, b\}^{\mathbb{N}}$ die Menge der Folgen die nicht mit einer konstanten Folge mit Eintrag b enden und $\pi : \Sigma \to [0, 1)$ durch

$$\pi((s_k)) = \sum_{k=1}^{\infty} (s_k - 1)b^{-k}$$

gegeben. π konjugiert σ mit E_b auf $\tilde{\Sigma}$. Ist $p \neq (0, \ldots 0, 1)$ erhalten wir Bernoulli-Maße $\pi(\mu_p)$ und Markov-Maße $\pi(\mu_{P,p})$ auf $[0, 1)$, die ergodisch in Bezug auf E_b sind. Unter den oben beschriebenen Bedingungen an p bzw. P sind die Systeme sogar mischend. Für $p = (1/b, \ldots, 1/b)$ ist $\pi(\mu_p)$ das Lebesgue-Maß $\mathcal{L}^1$ auf $[0, 1)$, von dem wir schon wissen, dass es ergodisch in Bezug auf E_b ist.

Weitere Beispiele ergodischer Bernoulli- und Markov-Maße dynamischer Systeme finden sich im nächsten Abschnitt.

4.4   Singuläre ergodische Maße

Wir kehren hier noch einmal zur logizistischen Abbildung $T(x) = cx(1-x)$ zurück, nehmen aber nun $c > 4$ an. Das Intervall $[0, 1]$ ist in diesem Fall nicht invariant, wir definieren daher eine invariante Menge für T durch $\Lambda = \bigcap_{n=0}^{\infty} T^{-n}([0, 1])$. Λ ist eine Cantor-Menge, d. h. kompakt und überabzählbar, aber total unzusammenhängend und vom Lebesgue-Maß Null. Singuläre ergodische Maße für (Λ, T) erhält man mittels einer symbolischen Kodierung durch den Shift σ auf $\Sigma = \{1, 2\}^{\mathbb{N}}$. Definieren wir $\pi : \Sigma \to \Lambda$ durch

$$\pi((s_k)) = \lim_{n \to \infty} T_{s_1}^{-1} \circ \cdots \circ T_{s_n}^{-1}(1/2),$$

wobei T_1^{-1} und T_2^{-1} die inversen Zweige von T sind, so gilt $\pi \circ T = \sigma \circ \pi$. Wenn μ ergodisch in Bezug auf σ ist, so ist $\pi(\mu)$ ein singuläres ergodisches Maß für T auf Λ. Insbesondere erhalten wir so ergodische Bernoulli- und Markov-Maße für das System (Λ, T).

Ein singuläres sichtbares Maß existiert hier nicht, da Λ ein Reppeller ist. Alle Orbits, die nicht in Λ, beginnen konvergieren gegen $-\infty$ und die Menge der generischen Punkte eines ergodischen Maßes hat damit Lebesgue-Maß null, vgl. Abschn. 3.2.

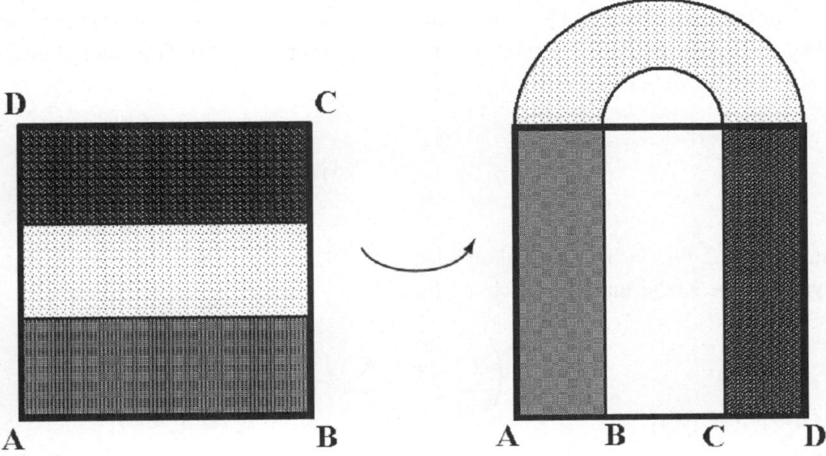

Abb. 4.1 Die Hufeisenabbildung

Die Hufeisenabbildung von Smale (1967), die wir nun beschreiben, war ein wichtiges Beispiel in der Entwicklung der Ergodentheorie.[2] Sei T eine stetig-differenzierbare Abbildung auf $\mathbb{R}^2$, die auf $[0, 1]^2$ durch folgende Vorschrift gegeben ist:

$$T(x, y) = \begin{cases} \left(\tfrac{1}{3}x, 3y\right), & \text{wenn } y \leq 1/3, \\ \left(-\tfrac{1}{3}x + 1, -3y + 3\right), & \text{wenn } y \geq 2/3, \\ \text{stetig differenzierbar fortgesetzt, wenn } & y \in (1/3, 2/3). \end{cases}$$

siehe Abb. 4.1.

---

[2] Smale (1998) ist lesenswert, dort beschreibt Steven Smale (1930-) wie er das Hufeisen am Strand in Rio de Janero fand. Für seine Arbeiten in der Theorie dynamischer Systeme und der Topologie wurde Smale 2006 mit dem renommierten Wolf-Preis ausgezeichnet.

Die Urbilder $T^{-n}([0, 1]^2)$ umfassen hier nicht, wie bei der verallgemeinerte Bäcker-Transformation, das ganze Quadrat. Man definiert daher eine unter T invariante Cantor Menge Λ durch

$$\Lambda = \bigcap_{n=-\infty}^{\infty} T^n([0, 1]^2)$$

und es gilt $\mathcal{L}^2(\Lambda) = 0$. Wir erhalten wieder singuläre ergodische Maße durch eine symbolische Kodierung, die durch $\pi : \{0, 2\}^{\mathbb{N}} \to \Lambda$ mit

$$\pi((s_k)) = \left(\sum_{k=1}^{\infty} s_k 3^{-k}, \sum_{k=1}^{\infty} s_{-k+1} 3^{-k} \right)$$

explizit gegeben ist. Der Leser mag prüfen, dass $T \circ \pi = \pi \circ \sigma$ gilt. Auch für die Hufeisenabbildung existiert kein physikalisches Maß. Für die verallgemeinerte Bäcker-Transformation T_β aus Abschn. 4.2 mit $\beta \in (0, 1/2)$ erhalten wir jedoch ein physikalisches Maß. Das System hat einen fraktalen Attraktor $\bigcap_{n=0}^{\infty} T^n([0, 1]^2) = C \times [0, 1]$, wobei C eine Cantor-Menge ist. Singuläre ergodische Maße erhält man durch die Kodierung $\pi_\beta : \{0, 1\}^{\mathbb{N}} \to C \times [0, 1]$ mit

$$\pi_\beta((s_k)) = \left(\frac{1 - \beta}{\beta} \sum_{k=1}^{\infty} s_k \beta^k, \sum_{k=1}^{\infty} s_{-k+1} 2^{-k} \right).$$

Ein physikalisches Maß für T_β ist durch $\pi_\beta(\mu_{1/2,1/2}) = \mu_\beta \times \mathcal{L}^1$ gegeben, wobei μ_β ein unendlich gefaltetes Bernoulli-Maß ist, siehe auch Abschn. 4.2.

Gut verstanden werden mittlerweile gleichmäßig hyperbolische Systeme, traditionell auch Axiom-A-Systeme genannt, die wir nun beschreiben. Sei $M \subseteq \mathbb{R}^n$ ein kompaktes Gebiet oder allgemeiner eine kompakte Riemannsche Mannigfaltigkeit und $T : M \to M$ ein Diffeomorphismus, d. h. T ist umkehrbar und T sowie T^{-1} sind stetig differenzierbar. Wir nehmen weiterhin an, dass die Menge der nichtwandernden Punkte

$$\Omega = \{x \in M \,|\, \text{Für alle offenen Mengen mit } x \in O \text{ exstiert } m > 0 : f^m(O) \cap O \neq \emptyset\}$$

kompakt und gleichmäßig hyperbolisch ist, d. h. für $x \in \Omega$ existiert eine Aufspaltung des $\mathbb{R}^n$ (bzw. des Tagentialraumes der Mannigfaltigkeit) in lineare Unterräume E_x^s und E_x^u sodass

1. $Df(x)(E_x^s) = E_{f(x)}^s$ und $Df(x)(E_x^u) = E_{f(x)}^u$
2. $|Df^n(x)(v)| \leq c\lambda^n v$ für $v \in E_x^s$
3. $|Df^{-n}(x)(v)| \leq c\lambda^n v$ für $v \in E_x^u$,

wobei $\lambda \in (0, 1)$ und $c > 0$ Konstanten sind. Zusätzlich nehmen wir noch an, dass die periodischen Punkte von T dicht in Ω liegen. Sinai (1972), Bowen und Ruelle (1975) und Ruelle (1976) zeigen unter anderem:

Satz 4.2

Die Menge der nichtwandernden Punkte eines gleichmäßig hyperbolische Systems (M, T) lässt sich in invariante Mengen zerlegen $\Omega = \Omega_1 \cup \ldots \Omega_j$, sodass die ergodischen Maße von T auf Ω_i Bilder ergodischer Maße eines Shifts endlichen Typs (Σ_A, σ), unter einer surjektiven Kodierung $\pi : \Sigma_A \to \Omega_i$ sind. Insbesondere sind Bilder $\pi(\mu_{P,p})$ von Markov-Maßen $\mu_{P,p}$ auf Σ_A ergodisch in Bezug auf T. Wenn Ω ein Attraktor ist, d. h. wenn $f^n(x) \to \Omega$ für alle x aus einer offenen Umgebung von Ω gilt, existiert ein physikalisches Maß für (M, T).[3]

Ein Beispiel eines gleichmäßigen hyperbolischen Systems mit einem Attraktor ist das Solenoid von Smale (1967). Wir definieren eine glatte Abbildung auf dem Volltorus $\mathbb{V} = \{(x, y)|x^2 + y^2 \leq 1\} \times \mathbb{S}^1$ durch

$$f(x, y, z) = \left(\frac{1}{10}x + \frac{1}{2}\sin(2\pi z), \ \frac{1}{10}y + \frac{1}{2}\cos(2\pi z), \ 2z \right),$$

und erhalten den Attraktor $\Psi = \bigcap_{n=0}^{\infty} f^n(\mathbb{V})$ mit $\mathcal{L}^3(\Psi) = 0$, auf dem ein singuläres physikalisches Maß existiert, siehe Abb. 4.2. Dieses Maß lässt sich als Bild des Bernoulli-Maßes $\mu_{(1/2,1/2)}$ auf $\{1, 2\}^{\mathbb{Z}}$ darstellen.

Das erste nicht gleichmäßig hyperbolische System, für das die Existenz eines physikalischen Maßes auf einem fraktalen Attraktor gezeigt wurde, ist die Hénon-Abbildung $H_{a,b} : \mathbb{R}^2 \to \mathbb{R}^2$ mit

$$H_{a,b} \begin{pmatrix} x \\ y \end{pmatrix} = \begin{pmatrix} 1 - ax^2 + y \\ bx \end{pmatrix}.$$

Benedicks und Young (1993) beweisen, dass $H_{a,b}$ für alle hinlänglich kleinen $b > 0$ und fast alle $a \in [\alpha(b), 2]$ ein physikalisches Maß hat. Unter zur Hilfenahme numerischer Methoden, wurde die Existenz von physikalischen Maßen für weitere Attrak-

---

[3]Dies Maß ist ein SRB-Maß. Wir führen diesen Begriff im nächsten Kapitel ein.

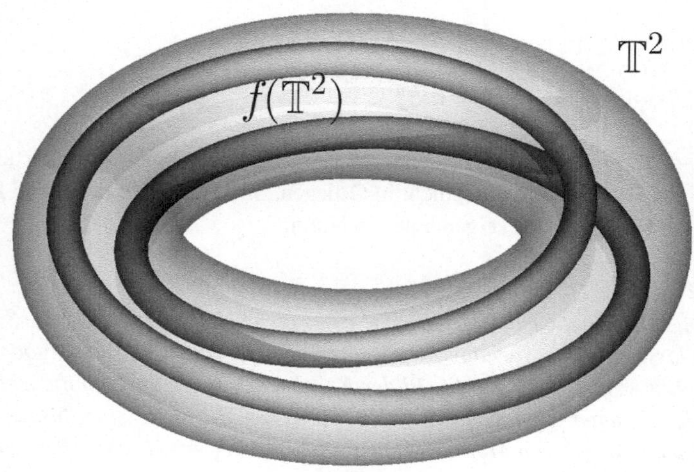

Abb. 4.2 Die Abbildung auf dem Torus, die das Solenoid erzeugt

toren, wie zum Beispiel den Lorentz-Attraktor bewiesen, siehe Tucker (2002). Wir verfügen allerdings über keine allgemeine und konzeptionelle Theorie der physikalischen Maße auf nicht gleichmäßig hyperbolischen Attraktoren. Ansätze, die auf die Entwicklung einer solchen Theorie zielen, beschäftigt die zeitgenössische Forschung, siehe zum Beispiel Climenhaga, Luzzatto und Pesin (2017).

Entropie 5

5.1 Grundlagen

Sei im Folgenden X ein metrischer Raum, $T : X \to X$ Borel-messbar und $\mu \in \mathcal{M}_{\mathrm{INV}}(X, T)$ ein invariantes Wahrscheinlichkeitsmaß. Eine maßtheoretische Partition $\mathfrak{P}$ von X ist eine Überdeckung von X, deren Elemente sich nur in Mengen vom Maß Null schneiden. Die gemeinsame Verfeinerung von zwei Partitionen $\mathfrak{P}_1$ und $\mathfrak{P}_2$ ist die Partition

$$\mathfrak{P}_1 \vee \mathfrak{P}_2 = \{P_1 \cap P_2 | P_1 \in \mathfrak{P}_1, P_2 \in \mathfrak{P}_2\}.$$

Die Entropie einer Partition ist gegeben durch

$$H(\mu, \mathfrak{P}) = - \sum_{P \in \mathfrak{P}} \mu(P) \log(\mu(P)),$$

wobei wir $0 \log(0) = 0$ setzen. Dies ist der Erwartungswert der Information $\mathbb{I}(P) = -\log(\mu(P))$ der Partitionselemente. Die Entropie ist also ein Maß für die Information, mit der wir rechnen, wenn uns gesagt wird in welchem Element der Partition ein Punkt liegt. Die triviale Partition $\{X\}$ hat Entropie Null, wir erwarten hier keine Information. Je feiner eine Partition ist, je höher ist die erwartete Information, also die Entropie. Unter allen Partitionen mit n Elementen hat eine Partition mit identischer Verteilung der Wahrscheinlichkeiten maximale Entropie $\log(n)$.

Mit Hilfe der Entropie von maßtheoretischen Partitionen führen wir nun die Entropie des dynamischen Systems (X, T, μ) ein.

© Der/die Herausgeber bzw. der/die Autor(en), exklusiv lizenziert durch Springer Fachmedien Wiesbaden GmbH, ein Teil von Springer Nature 2020
J. Neunhäuserer, *Einführung in die Ergodentheorie*, essentials,
https://doi.org/10.1007/978-3-658-31292-3_5

Definition 5.1

Die maßtheoretische Entropie eines Systems (X, T, μ) in Bezug auf eine Partition $\mathfrak{P}$ ist

$$h(T, \mu, \mathfrak{U}) = \lim_{n \to \infty} \frac{1}{n} H(\mu, \mathfrak{P} \vee T^{-1}(\mathfrak{P}) \vee \cdots \vee T^{-n}(\mathfrak{P}))$$

und die maßtheoretische Entropie, auch metrische Entropie oder Kolmogorov-Sinai-Entropie[1] genannt, des Systems ist

$$h(T, \mu) = \sup\{h(T, \mu, \mathfrak{P}) \mid \mathfrak{P} \text{ ist eine Partition von } X\}.$$

$\blacklozenge$

Die so definierte Entropie ist ein Maß dafür, wie stark die Anwendung von T Partitionen verfeinert und ihre Entropie in Bezug auf ein Wahrscheinlichkeitsmaß erhöht. Sie wird auch als Maß für die Komplexität oder Unvorhersehbarkeit der Dynamik interpretiert.

Für die Bernoulli-Shifts (Σ, σ, μ_p) und Markov-Shifts $(\Sigma_A, \sigma, \mu_{P,p})$, die wir in Abschn. 4.3 eingeführt haben, lässt sich die Entropie explizit bestimmen, und man erhält:

$$h(\sigma, \mu_p) = - \sum_{i=1}^{b} p_i \log(p_i)$$

$$h(\sigma, \mu_{P,p}) = - \sum_{i,j=1}^{b} p_i p_{i,j} \log(p_{i,j}).$$

Die Entropie ist eine ergodentheoretische Invariante. Sind zwei Systeme ergodentheoretisch isomorph, so haben sie die gleiche Entropie, vgl. Definition 2.11. Definieren wir also Bernoulli-Maße $\pi(\mu_p)$ und Markov-Maße $\pi(\mu_P)$ für ein System (X, T) durch eine symbolische Kodierung $\pi : \tilde{\Sigma} \to X$, wie in 4.3 beschrieben, so ist die Entropie $h(T, \pi(\mu_p))$, bzw. $h(T, \pi(\mu_P))$ durch obigen Formeln gegeben. Wir kennen daher die Entropie der Systeme in Abschn. 4.4, für die wir eine symbolische Kodierung haben. Für zwei dynamische Systeme mit ergodischen Bernoulli-Maßen ist die Entropie sogar eine vollständige Invariante, die Systeme sind maßtheoretisch isomorph, genau dann, wenn ihre Entropie gleich ist. Dies ist ein tiefes Resultat von Ornstein (1970).

---

[1] Sie wurde in Kolmogorov (1958) und Sinai (1972) eingeführt. Yakov Sinai (1935-) wurde unter anderem für diese Arbeit 2014 mit dem Abel Preis ausgezeichnet.

Verfügen wir über keine symbolische Kodierung der Dynamik eines System, lässt sich die Entropie bestimmter Maße auch mit Hilfe der Lyapuonv-Exponenten berechnen. Dies ist das Thema des nächsten Abschnitts.

5.2   Entropie und Lyapunov-Exponenten

Der Zusammenhang zwischen der Entropie und den Lyapunov Exponenten ist ein zentrales Thema der Ergodentheorie differenzierbarer Systeme. Wir nehmen im Folgenden an, dass $T : M \to M$ ein zweimal stetig differenzierbarer Diffeomorphismus eines kompakten Gebiets M des $\mathbb{R}^k$, bzw. einer kompakten Riemannschen Mannigfaltigkeit, ist. $\mu \in \mathcal{M}_{\mathrm{ERG}}(M, T)$ sei ein ergodisches Maß für T auf M und $0 < \lambda_1 < \lambda_2 < \cdots < \lambda_m$ seien die positiven Lyapunov-Exponenten in Bezug der Jakobi-Matrix von T^n. Ferner bezeichnen wir die Vielfachheit der Lyapunov-Exponenten mit $v_1, \ldots, v_m$. Siehe hierzu Abschn. 3.3. Ohne weitere Annahmen erhalten wir die Margulis-Ruelle-Ungleichung, siehe Ruelle (1978):

Satz 5.1

$$h(T, \mu) \le \sum_{i=1}^{m} v_i \lambda_i.$$

Insbesondere ist die Entropie $h(T, \mu)$ Null, wenn kein positiver Lyapunov-Exponent existiert. Dies ist zum Beispiel für Rotationen des Kreises oder des Torus mit dem ergodischen Lebesgue-Maß der Fall, siehe Abschn. 4.1. Umgekehrt impliziert positive Entropie die Existenz eines positiven Lyapunov-Exponenten und damit die Sensitivität des Systems gegenüber Anfangsbedingungen.

Es stellt sich nun die Frage, unter welcher Bedingung die Margulis-Ruelle-Ungleichung zu einer Identität wird, wir fassen diese Frage in eine Definition:

Definition 5.2
Ein Maß $\mu \in \mathcal{M}(M, T)$ mit mindestens einem positiven Lyapunov-Exponenten heißt Sinai-Ruelle-Bowen-Maß (kurz SRB-Maß) wenn

$$h(T, \mu) = \sum_{i=1}^{m} v_i \lambda_i.$$

Pesin (1977) zeigt:

Satz 5.2
Absolut stetige ergodische Maße mit einem positiven Lyapunov-Exponenten sind SRB-Maße.

Betrachten wir zum Beispiel die Abbildung E_A auf $[0, 1)^n$ aus Abschn. 4.1 mit dem Lebesgue Maß $\mathcal{L}^n$, so erhalten wir

$$h_{\mathcal{L}^n}(E_A) = \sum_{i=1}^{m} v_i \log \mu_i,$$

wobei μ_i die positiven Eigenwerte der Matrix A mit der Vielfachheit v_i sind. Für die absolut stetigen ergodischen Maße μ aus Abschn. 4.2, die nur einen einzigen einfachen Lyapunov-Exponenten λ haben, erhalten wir $h(T, \mu) = \lambda$.

Aus Ledrappier und Young (1985) folgt, dass SRB-Maße μ dadurch charakterisiert sind, dass die bedingten Maße zu μ auf den unstabilen Mannigfaltigkeiten der positiven Lyapunov-Exponenten absolut stetig sind. Diese Bedingung ist schwächer als die absolute Stetigkeit eines Maßes und wird zuweilen auch als Definition eines SRB-Maßes verwendet, siehe Young (2002). So ist das physikalische Maß μ in Satz 4.2 auf einem gleichmäßig hyperbolischen Attraktor in vielen Fällen singulär aber ein SRB-Maß. Auch das physikalische Maß, das für manche Hénon-Abbildung konstruiert wurde, ist ein SRB-Maß. SRB-Maße sind zumeist physikalisch. Pugh und Shup (1989) zeigen:

Satz 5.3
Ist μ ein SRB-Maß und zusätzlich Null kein Lyapunov-Exponent, so ist μ physikalisch.

Die Umkehrung gilt jedoch nicht. Es gibt physikalische Maße, zum Beispiel auf Fixpunkten, mit Entropie Null und einem positiven Lyapunov Exponenten. Auch physikalische Maße mit positiver Entropie, die keine SRB-Maße sind, lassen sich konstruieren, siehe Hofbauer und Keller (1990).

5.3   Entropy und Chaos

Der Begriff Chaos wurde in der mathematischen Literatur zum ersten Mal in dem einflussreichen Artikel von Lasota und Yorke (1973) verwendet. Gemäß dieser Arbeit definieren wir:

Definition 5.3

Sei (X, d) ein kompakter metrischer Raum und $T : X \to X$ stetig. Das System (X, T) heißt Li-York chaotisch, wenn es überabzählbar viele Paare $(x, y) \in X^2$ mit $x \neq y$ gibt, sodass

$$\liminf_{n \to \infty} f(T^n(x), T^n(y)) = 0 \text{ und } \limsup_{n \to \infty} f(T^n(x), T^n(y)) > 0.$$

◆

Diese Definition scheint auf den ersten Blick keinen Bezug zur Entropie und zur Ergodentheorie zu haben. Die topologische Entropie, die wir nun einführen erlaubt jedoch eine stärkere und quantitative Definition des Chaos:

Definition 5.4

Sei (X, d) ein kompakter metrischer Raum und $T : X \to X$ stetig. Die Entropie einer offenen Überdeckung $\mathfrak{U}$ von X ist gegeben durch $H(\mathfrak{U}) = \log(\sharp\mathfrak{U})$, wobei $\sharp\mathfrak{U}$ die kleinste Anzahl von Elementen in $\mathfrak{U}$ ist, die gebraucht werden, um X zu überdecken. Die Entropie des Systems (X, T) in Bezug auf eine Überdeckung $\mathfrak{U}$ ist

$$h(T, \mathfrak{U}) = \lim_{n \to \infty} \frac{1}{n} H(\mathfrak{U} \vee T^{-1}(\mathfrak{U}) \vee \cdots \vee T^{-n}(\mathfrak{U}))$$

und die topologische Entropie des Systems ist

$$h(T) = \sup\{h(T, \mathfrak{U}) \mid \mathfrak{U} \text{ ist eine offene Überdeckung von } X\}.$$

◆

Blanchard et al. (2002) zeigen:

Satz 5.4

Hat (X, T) positive topologische Entropie, so ist das System chaotisch im Sinne von Li-York.

Es lassen sich Systeme konstruieren, die Li-York chaotisch sind, aber Entropie Null haben, siehe Smital (1986). Trotzdem bietet sich eine Definition des topologischen Chaos durch positive topologische Entropie an. Schließlicht misst die topologische Entropie die Komplexität und Unvorhersehbarkeit der Dynamik in einem topologischen Sinne.

Den Zusammenhang zwischen maßtheoretischer und topologischer Entropie gibt das Variationsprinzip der Entropie von Goddwyn (1969):

Satz 5.5
Sei X kompakt und $T : X \to X$ stetig, so gilt

$$h(T) = \sup\{h(T, \mu) \mid \mu \in \mathcal{M}_{ERG}(X, T)\}.$$

Für den Shift (Σ, σ) existiert ein Bernoulli-Maß maximaler Entropie

$$h(\sigma, \mu_{(1/n,...,1/n)}) = h(\sigma) = \log(n)$$

und auch für Shifts endlichen Typs (Σ_A, σ) lässt sich ein Markov-Maß voller Entropie konstruieren

$$h(\sigma_{|A}, \mu_{P,p}) = h(\sigma_{|A} = \log(\lambda),$$

wobei λ der maximale Eigenwert von A und $\mu_{P,p}$ das Maß von Parry (1964) ist. Ein Maß maximaler Entropie existiert allerdings nicht für alle topologischen Systeme (X, T).

Aus dem Variationsprinzip der Entropie folgt, dass alle Systeme, für die ein ergodisches Maß mit positiver maßtheoretischer Entropie existiert, chaotisch im topologischen Sinne und im Sinn von Li-York sind. Die Systeme mit ergodischem Lebesgue-Maß in Abschn. 4.1 und mit absolut stetigem ergodischem Maß in Abschn. 4.2 sind chaotisch, wenn ein Lyapunov-Exponent positiv ist. Auch die Entropie dieses Maße ist dann positiv. Auch die Bernoulli- und Markov-Shifts in Abschn. 4.3 sind chaotisch. Sie haben positive Entropie. Damit sind auch alle Systeme in Abschn. 4.4, die ergodentheoretisch isomorph zu Bernoulli- oder Markov-Shifts sind, chaotisch. Zuletzt ist auch die Existenz eines singulären Sinai-Ruelle-Bowen-Maßes für Chaos in einem System hinreichend. Die Existenz eines physikalischen Maßes mit einem positiven Lyapunov-Exponenten ist jedoch nicht hinreichend. Systeme mit einem attraktiven Fixpunkt oder periodischem Orbit sind auch dann nicht chaotisch, wenn ein positiver Lyapunov-Exponent existiert.

Zahlentheoretische Anwendungen 6

Wir stellen hier vier herausragende zahlentheoretische Ergebnisse vor, die sich mit ergodentheoretischen Mitteln beweisen lassen.

Für eine natürliche Zahl $b \geq 2$ betrachten wir die übliche b-adische Darstellung einer reellen Zahl $x \in [0, 1]$,

$$x = \sum_{i=1}^{\infty} d_i b^{-i},$$

wobei die Ziffern d_i aus $\{0, \ldots, b-1\}$ stammen. Eine Zahl $x \in [0, 1]$ heißt normal zur Basis b, wenn alle Ziffern in der b-adischen Darstellung von x mit gleicher Häufigkeit auftreten. Der Satz von Borel (1909) besagt:

Satz 6.1
Fast alle Zahlen $x \in [0, 1]$ in Bezug auf das Lebesgue-Maß sind normal zu allen Basen $b \geq 2$.

Der Leser kann diesen wundervollen Satz beweisen, indem er den Birkhoffschen Ergodensatz auf das System $([0, 1), E_b, \mathcal{L}^1)$ aus Abschn. 4.1. anwendet. Zu zeigen, dass einzelne irrationale algebraische Zahlen, wie $\sqrt{2}$, und die Konstanten der Analysis, wie e oder π, normal zu einer oder allen Basen sind, bleibt eine große Herausforderung für die Mathematik des 21. Jahrhunderts.

Für eine irrationale Zahl $x \in [0, 1]$ betrachten wir nun die eindeutige Kettenbruchdarstellung

J. Neunhäuserer, *Einführung in die Ergodentheorie*, essentials,
https://doi.org/10.1007/978-3-658-31292-3_6

$$x = [a_1, a_2, a_3 \ldots] = \cfrac{1}{a_1 + \cfrac{1}{a_2 + \cfrac{1}{a_3 + \cfrac{1}{\ddots}}}},$$

wobei $a_i \in \mathbb{N}$. Der Satz von Khinchin (1935) besagt:

Satz 6.2

Für fast alle Zahlen $x = [a_1, a_2, a_3 \ldots] \in [0, 1]$ in Bezug auf das Lebesgue-Maß konvergiert dass geometrische Mittel $\sqrt[n]{a_1 a_2 \cdots a_n}$ gegen die Khinchin Konstante

$$\kappa := \prod_{r=1}^{\infty} \left(1 + \frac{1}{r(r+2)}\right)^{\log_2 r} = 2{,}685452001 \ldots$$

Der engagierte Leser kann auch dieses wundervolle Resultat beweisen, in dem er den Birkhoffschen Ergodensatz mit $f(x) = \sum_{k=1}^{\infty} \log(k) \chi_{(1/k, 1/k+1)}(x)$ auf die Gauß-Abbildung aus Abschn. 4.2 mit ihrem absolut stetigen ergodischen Maß anwendet. Es wird vermutet, das die Khinchin Konstante κ irrational und transzendent ist, dies konnte bisher jedoch nicht bewiesen werden. Weiterhin ist keine algebraische Zahl bekannt, deren Kettenbruchdarstellung die Asymptotik von Khinchin aufweist. Irrational quadratische Zahlen vom Grad zwei haben eine periodische Kettenbruchdarstellung; das geometrische Mittel konvergiert nicht gegen κ. Auch die Kettenbruchdarstellung von $e = 2 + [1, 2, 1, 1, 4, 1, 1, 6, 1, 1, \ldots]$ hat eine andere Asymptotik. Numerische Untersuchungen legen nahe, dass die Kettenbruchdarstellung von $\pi = 3 + [7, 15, 1, 292, 1, \ldots]$ und der Khinchin-Konstante $\kappa = 2 + [1, 2, 5, 1, 1, 2, 1, 1, 3, 10, \ldots]$ selber eine Asymptotik gemäß Khinchin haben. Beweise dieser Vermutungen stehen aus.

Wir betrachten nun Mengen natürlicher Zahlen $A \subseteq \mathbb{N}$. Die obere Dichte einer solchen Menge ist

$$d(A) = \limsup_{N \to \infty} \frac{\sharp\{A \cap \{1, \ldots, N\}\}}{N}.$$

Eine endliche arithmetische Folge der Länge $n \in \mathbb{N}$ ist eine Menge der Form $A = \{a + bk \mid k = 1, \ldots, n\}$, wobei $a, b \in \mathbb{N}$. Der Abstand aufeinander folgender Zahlen in A ist also gleich. Offensichtlich ist die obere Dichte einer endlichen Folge

Null. Die obere Dichte einer unendlichen arithmetischen Folge $A = \{a + bi \,|\, i \in \mathbb{N}\}$ ist positiv. Der Satz von Szemeredi (1975) zeigt nun:[1]

Satz 6.3

Eine Menge $A \subseteq \mathbb{N}$ mit positiver oberer Dichte enthält für jedes $n \in \mathbb{N}$ unendlich viele arithmetische Folgen der Länge n.

Betrachten wir als Beispiel die natürlichen Zahlen, in deren Primfaktorzerlegung keine Primzahl mehr als einmal auftritt, also

$$2, 3, 5, 6, 7, 10, 11, 13, 14, 15, 17, 18, 19, 21, 22, 23, 26, \ldots.$$

Die Menge hat positive obere Dichte und enthält damit arithmetische Folgen jeder Länge. Die Menge der Primzahlen hat Dichte Null, wir wissen aber seit der vielbeachteten Arbeit von Green und Tao (2008), dass die Primzahlen trotzdem arithmetische Folgen jeder Länge enthalten.

Ein Beweis des Satzes von Szemeredi ist mit Hilfe des Rekurrenzsatzes von Fürstenberg aus Abschn. 3.2 möglich. Man konstruiert ein geeignetes Shift invariantes Maß auf dem Folgenraum $\{0, 1\}^{\mathbb{N}}$, welches die Wahrscheinlichkeit auf Folgen (s_k), mit $s_k = 1$, wenn $k \in A$, verteilt.

Zum Abschluss stellen wir hier die Oppenheim-Vermutung über quadratische Formen aus dem Jahre 1929 vor, die von Margulis (1989) mit ergodentheoretischen Methoden bewiesen wurde.[2] Eine quadratische Form in n-Variablen ist eine Abbildung $Q : \mathbb{R}^n \to \mathbb{R}$ mit $Q(x) = \sum_{i,j=1}^{n} a_{i,j} x_i x_j$, wobei die Matrix $A = (a_{ij})$ symmetrisch und invertierbar ist. Eine quadratische Form heißt indefinit, wenn sie sowohl positive als auch negative Werte annimmt. Nun gilt:

Satz 6.4

Ist Q eine indefinite quadratische Form in n Variablen mit $n \geq 3$, die nicht das Vielfache einer quadratischen Form mit rationalen Koeffizienten ist, so gibt es für alle $\epsilon > 0$ ein $x \in \mathbb{Z}^n$, sodass

$$0 < |Q(x)| < \epsilon.$$

---

[1] Endre Szemerédi (1940-) wurde 2012 für seine Beiträge zur additiven Zahlentheorie und Ergodentheorie mit dem Abel-Preis ausgezeichnet. Hierzu zählt insbesondere der folgende Satz.

[2] Grigory Margulis (1946-) wurde für seine Anwendung ergodentheoretischer und stochastischer Methoden in der Zahlentheorie und Kombinatorik mit dem Abel Preis ausgezeichnet. Hier ist insbesondere der Beweis der Oppenheim-Vermutung relevant.

Damit liegt die Menge $Q(\mathbb{Z}^n)$ dicht in $\mathbb{R}$.

Betrachten wir als Beispiel die quadratische Form $Q(x, y, z) = x^2 + y^2 - \alpha z^2$, wobei α irrational ist. Die Menge $\{x^2 + y^2 - \alpha z^2 \,|\, x, y, z \in \mathbb{Z}\}$ liegt dicht in $\mathbb{R}$, anders ausgedrückt gibt es für jede reelle Zahl r Folgen a_k, b_k, c_k ganzer Zahlen mit $\lim_{k \to \infty}(x_k^2 + y_k^2 - \alpha z_k^2) = r$. Dies ist sehr überraschend und gilt für $n = 2$ nicht. Ist α eine reelle algebraische Zahl vom Grad 2, so haben wir

$$|x^2 - \alpha^2 y^2| = |y^2 \left(\frac{x}{y} - \alpha\right)\left(\frac{x}{y} + \alpha\right)| > C\alpha$$

für $x, y \in \mathbb{Z}\backslash\{0\}$.

Was Sie aus diesem *essential* mitnehmen können und Literatur

- Einen Einblick in ein faszinierendes Teilgebiet der modernen Mathematik
- Die Kenntnis wichtiger Resultate bedeutender Mathematiker des 20. Jahrhunderts
- Eine Anschauung paradigmatischer ergodischer Systeme
- Eine Einsicht in das Zusammenspiel von Maßtheorie, Theorie Dynamischer Systeme und Zahlentheorie

© Der/die Herausgeber bzw. der/die Autor(en), exklusiv lizenziert durch Springer Fachmedien Wiesbaden GmbH, ein Teil von Springer Nature 2020
J. Neunhäuserer, *Einführung in die Ergodentheorie*, essentials,
https://doi.org/10.1007/978-3-658-31292-3

Literatur

[1] Alaoglu, L. (1940). Weak topologies of normed linear spaces. *The Annals of Mathematical Statistics, 2*(41), 252–267.

[2] Benedicks, M., & Carleson, L. (1985). On iterations of $1 - ax^2$ on $(-1, 1)$. *The Annals of Mathematical Statistics, 2*(122), 1–25.

[3] Benedicks, M., & Young, L.-S. (1993). Sinai-Bowen-Ruelle measure for certain Henon maps. *Invent. Math., 112*, 541–576.

[4] Bessa, M., & Dias, J. (2011). *Generic Hamiltonian Dynamical Systems: An Overview* (S. 123–137). Games and Science: Dynamics.

[5] Birkhoff, G. D. (1931). Proof of the ergodic theorem. *Proceedings of the National Academy of Sciences of the USA, 17*, 656–660.

[6] Blanchard, F., Glasner, E., Kolyada, S., & Maass, A. (2002). On Li-Yorke pairs. *Journal of Reine Angewandte Mathematik, 547*, 51–68.

[7] Bogoliubov, N. N., & Krylov, N. M. (1937). La théorie générale de la mesure dans son application à l'étude de systémes dynamiques de la mécanique non-linéaire. *Annals of Mathematics, 38*, 65–113.

[8] Borel, E. (1909). Les probabilités dénombrables et leurs applications arithmétiques. *Supplemento di rend. circ. Math. Palermo, 27*, 247–271.

[9] Bowen, R., & Ruelle, D. (1975). The ergodic theory of Axiom a flows. *Inventions Mathematicae, 29*, 181–202.

[10] Carathéodory, C. (1919). Über den Wiederkehrsatz von Poincaré. *Berl. Sitzungsber*, 580–584.

[11] Climenhaga, V., Luzzatto, S., & Pesin, Y. (2017). The geometric approach for constructing Sinai-Ruelle-Bowen measures. *Journal of Statistical Physics, 166*(3–4), 467–493.

[12] Denker, M. (2005). *Einführung in die Analysis dynamischer Systeme.* Berlin: Springer.

[13] Eckmann, J. P., & Ruelle, D. (1985). Ergodic theory of chaos and strange attractors. *Reviews of Modern Physics, 57*, 617–656.

[14] Erdös, P. (1939). On a family of symmetric bernoulli convolutions. *American Journal of Mathematics, 61*(4), 974–976.

[15] Einsiedler, M., & Schmidt, K. (2014). *Dynamische Systeme: Ergodentheorie und topologische Dynamik.* Basel: Birkhäuser/Springer.

[16] Fürstenberg, H. (1977). Ergodic behavior of diagonal measures and a theorem of Szemerédi on arithmetic progressions. *Journal of Analyse Mathematical, 31*, 204–256.

© Der/die Herausgeber bzw. der/die Autor(en), exklusiv lizenziert durch Springer Fachmedien Wiesbaden GmbH, ein Teil von Springer Nature 2020
J. Neunhäuserer, *Einführung in die Ergodentheorie,* essentials,
https://doi.org/10.1007/978-3-658-31292-3

[17] Goodwyn, L. W. (1969). Topological entropy bounds measure-theoretic entropy. *Proc. Amer. Math. Soc.*, *23*, 679–688.

[18] Green, B., & Tao, T. (2008). The primes contain arbitrarily long arithmetic progressions. *Annals of Mathematics*, *167*, 481–547.

[19] Hofbauer, F., & Keller, G. (1990). Quadratic maps without asymptotic measure. *Communications in Mathematical Physics*, *127*(2), 319–337.

[20] Kac, M. (1947). On the notion of recurrence in discrete stochastic processes. *Bulletin of the American Mathematical Society*, *53*, 1002–1010.

[21] Kerckhoff, S., Masur, H., & Smillie, J. (1986). Ergodicity of billiard flows and quadratic differentials. *Annals of Mathematics*, *124*, 293–311.

[22] Khinchin, A. (1935). Metrische Kettenbruchprobleme. *Compositio Mathematica*, *1*, 361–382.

[23] Kolmogorov, A. N. (1958). New metric invariant of transitive dynamical systems and endomorphisms of lebesgue spaces. *Doklady of Russian Academy of Sciences*, *119*(5), 861–864.

[24] Kra, B. (2011). Poincare recurrence and number theory: Thirty years later. *Bulletin of the American Mathematical Society*, *48*, 497–501.

[25] Lasota, A., & Yorke, J. A. (1973). On the existence of invariant measures for piecewise monotonic transformations. *Transactions of the American Mathematical Society*, *186*, 481–488.

[26] Ledrappier, F., & Young, L.-S. (1985). The metric entropy of diffeomorphism. *Annals of Mathematics*, *122*, 509–574.

[27] von Neumann, J. (1932). Proof of the quasi-ergodic hypothesis. *Proceedings of the National Academy of Sciences of the USA*, *18*, 70–82.

[28] Oseledets, I. (1968). A multiplicative ergodic theorem: Lyapunov characteristic numbers for dynamical systems. *Transactions of the Moscow Mathematical Society*, *19*, 197–231.

[29] Ornstein, D. (1970). Bernoulli shifts with the same entropy are isomorphic. *Advances in Mathematics*, *4*, 337–352.

[30] Katok, A., & Hasselblatt, B. (1997). Introduction to the modern theory of dynamical systems. With a supplement by Anatole Katok and Leonardo Mendoza. Encyclopedia of Mathematics and Its Applications. 54. Cambridge University Press, Cambridge.

[31] Kühnle, W. (2013). *Differentialgeometrie: Kurven - Flächen - Mannigfaltigkeiten*. Berlin: Springer Spektrum.

[32] Krein, M., & Milman, D. (1940). On extreme points of regular convex sets. *Studia Mathematica*, *9*, 133–138.

[33] Margulis, G. A. (1989). Indefinite quadratic forms and unipotent flows on homogeneous spaces. *Dynamical systems and ergodic theory*, *23*, 399–409.

[34] Murray, R. (1998). Approximation error for invariant density calculations. *Discrete and Continuous Dynamical Systems*, *4*(3), 535–557.

[35] Parry, W. (1964). Intrinsic markov chains. *Transactions of the American Mathematical Society*, *112*, 55–66.

[36] Pesin, Y. (1976). Families of invariant manifolds corresponding to nonzero characteristic exponents. *Mathematics of the USSR-Izvestiya*, *10*, 1261–1305.

[37] Pesin, Y. (1977). Characteristic Lyapunov exponents and smooth ergodic theory. *Russian Mathematical Surveys*, *32*, 55–114.

[38] Poincaré, H. (1890). Sur le probleme des trois corps et les équations de la dynamique. *Acta Mathematica*, *13*, 1–270.

[39] Pugh, C., & Shub, M. (1989). Ergodic attractors. *Transactions of the American Mathematical Society, 312*, 1–54.

[40] Rokhlin, I. (1949). Selected topics in the metric theory of dynamical systems. *Uspekhi Matematicheskikh Nauk, 4*, 58–127.

[41] Ruelle, D. (1976). A measure associated with axiom-A attractors. *American Journal of Mathematics, 98*(3), 619–654.

[42] Ruelle, D. (1978). An inequality for the entropy of differentiable maps. *The Bulletin of Parana's Mathematical Society, 9*(1978), 83–87.

[43] Saussol, B. (2000). Absolutely continuous invariant measures for multidimensional expanding maps. *Israel Journal of Mathematics, 116*, 223–248.

[44] Ya, Sinai. (1972). Gibbs measure in ergodic theory, Russian math. *Surveys, 27*, 21–61.

[45] Smale, S. (1967). Differentiable dynamical systems. *Bulletin of the American Mathematical Society, 73*, 747–817.

[46] Smale S. (1998) Finding a horseshoe on the beaches of Rio Steve Smale. *The Mathematical Intelligencer, 20*.

[47] Smital, J. (1986). Chaotic functions with zero topological entropy. *Transactions of the American Mathematical Society, 297*, 269–282.

[48] Solomyak, B. (1995). On the Random Series $\sum \pm \lambda^n$ (an Erdös Problem). *Annals of Mathematics, 142*(3), 611–625.

[49] Szemeredi, E. (1975). On sets of integers containing no k elements in arithmetic progression. *Acta Arithmetica, 27*, 199–245.

[50] Tucker, W. (2002). A rigorous ODE solver and smales 14th problem. *Foundations of Computational Mathematics, 2*(1), 53–117.

[51] Tsujii, M. (2006). Absolutely continuous invariant measures for multi-dimensional piecewise expanding maps. *Sugaku Expo., 19*(1), 19–34.

[52] Varjú, P. P. (2018). Recent progress on Bernoulli convolutions. *European Mathematical Society*, 847–867.

[53] Viana, M., & Oliveira, K. (2016). Foundations of ergodic theory. Cambridge Studies in Advanced Mathematics 151, Cambridge University Press, Cambridge.

[54] Walters, P. (2000). *An introduction to ergodic theory. Graduate Texts in Mathematics* (79. Aufl.). New York: Springer.

[55] Young, L.-S. (2002). What are SRB measures and which dynamical systems have them? *Journal of Statistical Physics, 108*(5–6), 733–754.